읽기 좋은
코드가
좋은 코드다

읽기 좋은 코드가 좋은 코드다:

더 나은 코드를 작성하는 간단하고 실전적인 테크닉

초판 1쇄 발행 2012년 4월 10일
초판 9쇄 발행 2022년 6월 1일

지은이 더스틴 보즈웰, 트레버 파우커 / **옮긴이** 임백준 / **펴낸이** 김태헌
펴낸곳 한빛미디어(주) / **주소** 서울시 서대문구 연희로2길 62 한빛미디어(주) IT출판부
전화 02-325-5544 / **팩스** 02-336-7124
등록 1999년 6월 24일 제25100-2017-000058호 / **ISBN** 978-89-7914-914-2 93560

총괄 전정아 / **책임편집** 박민아 / **기획** 최현우 / **진행** 김종찬
디자인 표지 강은영 내지 여동일 / **전산편집** 백지선
영업 김형진, 김진불, 조유미, 김선아 / **마케팅** 박상용, 송경석, 한종진, 이행은, 고광일, 성화정 / **제작** 박성우, 김정우

이 책에 대한 의견이나 오탈자 및 잘못된 내용에 대한 수정 정보는 한빛미디어(주)의 홈페이지나 아래 이메일로
알려주십시오. 잘못된 책은 구입하신 서점에서 교환해 드립니다. 책값은 뒤표지에 표시되어 있습니다.

한빛미디어 홈페이지 www.hanbit.co.kr / 이메일 ask@hanbit.co.kr

지금 하지 않으면 할 수 없는 일이 있습니다.
책으로 펴내고 싶은 아이디어나 원고를 메일(writer@hanbit.co.kr)로 보내주세요.
한빛미디어(주)는 여러분의 소중한 경험과 지식을 기다리고 있습니다.

읽기 좋은 코드가 좋은 코드다

O'REILLY® ЖЗ 한빛미디어
Hanbit Media, Inc.

지은이 · 옮긴이 소개

지은이_ **더스틴 보즈웰**

어린 시절에 서커스를 배웠지만, 일찍이 공중제비 돌기보다 컴퓨터에 재능이 있다는 사실을 깨달았다. 칼텍에서 컴퓨터 사이언스 학사학위를 받았고, UC 샌디에고에서 석사학위를 받았다. 5년 동안 구글에서 근무하면서 웹 크롤링 인프라스트럭처를 비롯한 다양한 프로젝트를 경험했다. 수많은 웹사이트를 개발했고 '빅 데이터'와 기계학습 machine learning 분야에 관심이 있다. 지금은 인터넷 스타트업에 중독되어 있으며 시간이 날 때마다 산타모니카 산악지대에서 자전거를 타거나 아빠 노릇을 하면서 지낸다.

지은이_ **트레버 파우커**

10년 동안 마이크로소프트와 구글에서 대규모 소프트웨어를 개발했다. 지금은 구글에서 검색 인프라스트럭처의 엔지니어로 근무하고 있다. 여가 시간에는 게임 관련 컨벤션에 참석하고, 공상과학 소설을 읽고, 부인의 패션 관련 스타트업 회사에서 COO 일을 한다. UC 버클리에서 전기공학과 컴퓨터 사이언스 학사학위를 받았다.

옮긴이_ **임백준** Baekjun.Lim@gmail.com

서울대학교에서 수학을 전공하고, 인디애나 주립대학에서 컴퓨터 사이언스를 공부했다. 삼성SDS, 뉴저지 소재 루슨트테크놀로지스에서 근무했고 지금은 월스트리트에 있는 회사에서 금융소프트웨어를 개발하고 있다. 뉴저지에서 아내와 두 딸과 함께 살고 있다. 『누워서 읽는 퍼즐북』(2010), 『프로그래밍은 상상이다』(2008), 『뉴욕의 프로그래머』(2007), 『소프트웨어 산책』(2005), 『나는 프로그래머다』(2004), 『누워서 읽는 알고리즘』(2003), 『행복한 프로그래밍』(2003, 이상 한빛미디어), 『프로그래머 그 다음 이야기』(공저, 2011, 로드북)를 집필했다.

재미있는 책 한 권을 번역했다. 페이지 분량에서 드러나듯 이 책은 작은 소품으로 내용도 무척 간단하다. 제목처럼 읽기 쉬운 코드를 작성하는 방법에 대한 책이다. 이런 내용을 접하는 프로그래머 대부분은 아마도 이렇게 생각할 것이다.

"뭐, 읽기 쉬운 코드를 작성하는 방법이라고? 그런 책을 쓰느니 차라리 쉽게 걷는 방법에 대한 책, 혹은 쉽게 숨 쉬는 방법에 대한 책을 쓰지 그러슈? 쏟아져 나오는 신기술과 폭주하는 업무량 때문에 그냥 하루하루 프로그래머로 버티기도 힘든데 그런 시시한 책을 읽을 시간이 어디 있겠수?"

그렇게 생각하는 프로그래머들의 심정을 이해하지 못하는 바는 아닌데, 그럼에도 나는 이 책을 꼭 한번 읽어보라고 권하고 싶다. 내가 번역해서가 아니다. 이 책의 내용이 프로그래머에게 정말 소중하기 때문이다. 어쩌면 자바 프로그래머가 조슈아 블로흐의 『Effective Java 이펙티브 자바』(대웅출판사, 2009)를 읽거나, C# 프로그래머가 빌 와그너의 『Effective C# : 강력한 C# 코드를 구현하는 개발지침 50가지』(한빛미디어, 2007)을 읽는 것보다, 이 책을 읽는 것이 더 중요할지도 모르겠다.

예컨대 함수나 변수의 이름을 짓는 일을 생각해보자. 나는 미국에서 일하고 있기 때문에 영어를 모국어로 사용하는 사람들과 함께 프로그래밍을 한다. 그럼에도 그들이 변수명을 짓기 위해서 사용하는 영어는 열에 아홉 실망스러운 수준이다. 고민을 하지 않기 때문이다. 하물며 영어가 모국어가 아닌 우리나라 프로그래머들이 변수명을 정할 때는 과연 어떤 고민을 할까? 이 책이 다루는 내용은 얼핏 너무나 당연하고 시시해 보이지만, 그럼에도 실전에서 이 책이 요구하는 수준으로 코딩하는 프로그래머를 만나기란 결코 쉽지 않다. 다시 말해서 대부분의 프로그래머가 이 책을 읽으면서 기본기를 다시 다질 필요가 있다는 말이다.

요즘에는 인도 뭄바이에 있는 외주 프로그래머들과 프로젝트를 수행하는데, 이렇게 말하기는 좀 그렇지만, 그들이 작성하는 코드의 내용은 매우 실망스럽다. 프로젝트의 일정상 어쩔 수 없이 그들의 코드를 코드베이스에 받아들이기는 하지만, 나는 틈나는 대로 그들이 작성한 코드를 리팩토링한다. 내 기준으로는 도저히 받아들일 수 없는 내용들, 즉 중복된 코드, 아무렇게나 지어진 변수명, 무원칙한 흐름제어, 전역 변수의 남발 등이 너무 많아서 그대로 두고 볼 수가 없는 것이다. 내가 이러한 리팩토링을 수행하면서 일상적으로 사용하는 기법들이, 놀랍게도 이 책에 고스란히 담겨있다. 이 책을 번역하기로 결정한 과정은 다소 우연이었지만, 번역을 하는 과정에서 내가 평소에 생각하던 부분들이 이렇게 책으로 정리되어 나왔다는 사실에 안도감과 고마움을 느꼈다.

내가 지금까지 경험한 바에 의하면, 이 책을 읽지 않아도 좋은, 원래부터 간결하고 효율적인 코드를 작성하는 능력을 가진 프로그래머는 열에 하나에 불과하다. 자신이 그 하나에 속한다는 확신이 없으면, 이 책을 꼭 읽어보기 바란다. 읽기 쉬운 코드에 대한 책이라서 그런지, 이 책 자체도 꽤나 읽기 쉽고 편하다. 혹시라도 번역 때문에 읽기 불편한 부분이 있다면 그것은 전적으로 역자인 내 책임이다.

뉴저지에서_ **임백준**

우리는 뛰어난 엔지니어들과 함께 매우 성공적인 여러 소프트웨어 회사들에서 일해 왔
는데, 그 동안 우리가 마주했던 코드들은 대개 개선할 여지가 많았다. 사실 우리는 정말
로 지저분한 코드를 본 적도 있는데, 아마 여러분도 그런 경험이 있을 것이다.

그럼에도 아름답게 작성된 코드를 만나면 뭔가 영감을 얻는다. 좋은 코드는 무슨 일이 일어나고 있는지를 빠르게 전달해준다. 사용하기에도 즐겁고, 자신에게도 더 좋은 코드를 만들어야 하겠다는 욕구를 불러일으키기도 한다.

이 책의 목적은 여러분의 코드를 더 좋은 코드로 만드는 데 도움을 주는 것이다. 우리가 여기에서 '코드'라고 말하는 것은, 문자 그대로 여러분의 편집기에 입력되는 코드를 의미한다. 우리는 프로젝트의 일반적인 아키텍처나 설계 패턴의 선택 같은 것을 논의하려는 것이 아니다. 그런 것도 물론 중요하긴 한데, 지금까지 우리가 경험한 바에 따르면 대부분의 프로그래머는 일상적으로 변수명 짓기, 루프 작성하기, 함수 수준의 문제와 씨름하기처럼 대단히 '기본적인' 사항에 시간을 소비한다. 그리고 이러한 일상적인 일들의 커다란 부분은 이미 존재하는 코드를 읽거나 수정하는 데 바쳐진다. 우리는 여러분이 이 책에서 일상적인 프로그래밍에 도움이 되고, 자신의 팀에 있는 다른 사람에게도 권할 만한 내용을 발견할 수 있기를 바란다.

이 책은 무엇에 대한 것인가?

이 책은 매우 읽기 편한 코드를 작성하는 방법을 설명한다. 이 책을 관통하는 핵심 아이디어는 코드는 이해하기 쉬워야 한다는 것이다. 특히 자신의 코드를 다른 사람이 읽고 이해할 때 걸리는 시간을 최소로 만들어야 한다.

이 책은 바로 이 아이디어를 C++, 파이썬, 자바스크립트, 자바 등을 포함한 여러 언어로 작성된 코드를 예로 들며 설명한다. 우리는 각 언어에 종속된 고급 기능을 일부러 사용하지 않았기 때문에, 설령 이런 언어를 다 알지 못한다고 해도 책을 읽는 데는 아무런 어려움이 없을 것이다(더구나 우리가 경험한 바에 따르면 코드의 가독성이라는 개념은 언어로부터 독립적이다).

각 장은 코딩의 여러 측면을 다루면서 이를 '이해하기 쉽게' 만드는 방법을 설명한다. 이 책은 다음과 같이 네 부분으로 구성되었다.

- **1부_ 표면적인 수준에서의 개선** : 이름 짓기, 설명문, 미학. 코드베이스의 모든 줄에 적용될 수 있는 간단한 조언들

- **2부_ 루프와 논리를 단순화하기** : 프로그램에서 사용되는 루프, 논리, 변수를 개선하여 더 이해하기 쉽게 만드는 방법

- **3부_ 코드를 재작성하기** : 코드의 커다란 블록을 높은 수준higher-Level에서 재조직하고 주어진 문제를 함수 수준에서 해결하는 방법

- **4부_ 선택된 주제들** : '이해하기 쉬운'이라는 원리를 테스트와 코드 예제를 통해 커다란 데이터 구조에 적용

이 책을 어떻게 읽어야 하는가?

우리는 이 책을 재미있고, 간편하게 읽을 수 있게 만들었다. 대부분의 독자가 이 책을 1~2주 안에 읽을 수 있으리라고 기대한다.

'난이도'에 따라 각 장을 배치하였다. 처음에는 기본적인 주제를 다루고, 뒤로 가면서 더 어려운 주제를 다루었다. 하지만 각 장은 스스로 독립적이기 때문에 별도로 읽을 수 있다. 원한다면 아무 장이나 먼저 읽어도 상관없다.

코드 예제의 사용

이 책은 여러분의 업무를 돕기 위해서 존재한다. 이 책에 나오는 코드를 여러분의 프로그램이나 문서에 넣는 것은 일반적으로 허용된다. 코드의 대부분을 그대로 복제하는 게 아니라면 허락받기 위해서 우리에게 연락할 필요는 없다. 예를 들어 이 책에 등장하는 코드의 몇몇 부분을 사용하는 프로그램을 작성할 때는 우리의 허락을 받을 필요가 없다. 하지만 오라일리에서 발행된 예제를 담은 CD-ROM을 팔거나 배포할 때는 허락이 필요하다. 어떤 질문에 대답하려고 이 책의 내용이나 코드를 인용하는 경우에는 허락이 필요 없다. 이 책의 코드 예제의 상당한 분량을 자신의 제품에 포함시키는 경우에는 허락이 필요하다.

저작자 표시는 요구되지는 않지만 권장된다. 저작자 표시는 보통 제목, 저자, 출판사, 그리고 ISBN을 포함한다. 다음은 그러한 예다. "The Art of Readable Code by Dustin Boswell and Trevor Foucher. Copyright 2012 Dustin Boswell and Trevor Foucher, 978-0-596-80229-5".

만약 여러분이 코드의 예제를 사용하는 방식이 허용된 수준을 벗어난다고 생각되면, permissions@oreilly.com로 연락하는 것을 망설이지 않기 바란다.

감사의 말

초본 전체를 검토하는 일을 포함해서 여러 모로 자신의 시간을 할애해준 동료 앨런 데이비슨, 조쉬 엘리흐, 롭 코닉스버그, 아치 럿셀, 아세프 저마쉬 등에게 감사의 말을 전한다. 이 책에 포함된 모든 잘못은 전적으로 그들의 책임이다(물론 농담).

마이클 헝거, 조지 하이니만, 척 허드슨을 포함해서 우리의 다양한 초고에 상세한 피드백을 주었던 검토자들에게도 감사의 뜻을 전한다.

또한 존 블랙번, 팀 다실바, 데니스 길스, 스티브 게르딩, 크리스 해리스, 조쉬 하이만, 조엘 잉그람, 그레그 밀러, 아나톨리 페인, 닉 화이트로부터 많은 아이디어와 피드백을 제공받았다. 그리고 오라일리의 OFPS 시스템에 올린 우리의 초고를 읽고 논평을 달아준 수많은 온라인 사용자에게도 고마움을 전한다.

메리 트레슬러(편집자), 테레사 엘시(제작 편집자), 낸시 코타리(카피에디터), 롭 로마노(일러스트레이터), 제시카 호스만, 애비 폭스 등 오라일리 팀의 무한한 인내와 지원에 고마움을 전한다. 그리고 우리의 엉뚱한 생각을 현실로 만들어준 우리의 카투니스트 데이브 알러드에게도 감사의 뜻을 전한다.

끝으로 우리에게 용기를 불어넣어주고 우리를 끊임없는 프로그래밍 대화로 밀어 넣어준 멜리사와 수잔에게 고마움을 전한다.

차례

1 코드는 이해하기 쉬워야 한다

PART ONE 표면적 수준에서의 개선

2 이름에 정보 담기

3 오해할 수 없는 이름들

4 미학

5 주석에 담아야 하는 대상

6 명확하고 간결한 주석 달기

PART TWO 루프와 논리를 단순화하기

7 읽기 쉽게 흐름제어 만들기

8 거대한 표현을 잘게 쪼개기

PART THREE 코드 재작성하기

10 상관없는 하위문제 추출하기

Appendix 추가적인 도서목록

1

코드는 이해하기 쉬워야 한다

우리는 지난 5년 동안 우리 자신이 작성한 '나쁜 코드'에 대한 많은 예를 수집했다. 그리고 무엇이 코드를 나쁘게 만드는지, 코드를 좋게 만들기 위해서 사용할 수 있는 원리나 테크닉이 무엇인지 연구했다. 이런 연구 결과 우리는 모든 원리가 단 하나의 주제에서 도출된다는 사실을 깨달았다

핵심 아이디어   **코드는 이해하기 쉬워야 한다.**

우리는 코드를 작성할 때 가장 중요한 지침을 제공하는 원리가 바로 이것이어야 한다고 믿는다. 이에 우리는 이 책에서 이 원리가 매일 작성하는 코드에 어떻게 적용되는지 보여줄 것이다. 하지만 본격적으로 시작하기에 앞서, 이 원리를 조금 더 자세히 살펴보고, 왜 중요한지 알아보자.

무엇이 코드를 '더 좋게' 만드는가?

이 책의 저자들을 포함한 프로그래머 대부분은 즉흥적이고 본능적인 감으로 프로그래밍과 관련된 결정을 내린다. 예를 들어 다음은 우리에게 이미 친숙한 내용이다.

```
for (Node* node = list->head; node != NULL; node = node->next)
    Print(node->data);
```

다음 코드보다 이전 코드가 더 낫다.

```
Node* node = list->head;
if (node == NULL) return;

while (node->next != NULL) {
    Print(node->data);
    node = node->next;
}
if (node != NULL) Print(node->data);
```

두 코드가 완전히 동일한 일을 수행하고 있음에도 말이다.

하지만 많은 경우에 그러한 판단을 내리는 일은 쉽지 않다. 예를 들어 다음 코드를 보자.

```
return exponent >= 0 ? mantissa * (1 << exponent) : mantissa / (1 << -exponent);
```

이 코드는 다음 코드보다 더 좋은가 아니면 더 나쁜가?

```
if (exponent >= 0) {
    return mantissa * (1 << exponent);
} else {
    return mantissa / (1 << -exponent);
}
```

첫 번째 코드가 더 간결하지만, 오히려 두 번째 코드가 더 친숙하게 느껴진다. 어떤 측면이 더 중요한 것일까? 일반적으로 여러분은 이럴 때 어떤 방식으로 코딩을 수행하는가?

가독성의 기본 정리

우리는 이러한 코드에 대한 연구를 수행한 끝에, 가독성과 관련한 가장 중요한 통계적 사실이 있음을 알게 되었다. 이는 너무나 중요하므로 앞으로 '가독성의 기본 정리^{The Fundamental Theorem of Readability}'라고 부르기로 한다.

핵심 아이디어 **코드는 다른 사람이 그것을 이해하는 데 들이는 시간을 최소화하는 방식으로 작성되어야 한다.**

이것이 의미하는 바는 무엇일까? 여러분의 평범한 동료 한 사람이 여러분이 작성한 코드를 읽고 이해하는 데 걸리는 시간을 측정해보라. 바로 그 시간이 '이해를 위한 시간^{time-till-understanding}'이며, 여러분이 최소화해야 하는 값이다.

그리고 우리가 여기에서 '이해'라고 말할 때, 우리는 그 단어에 매우 높은 기준을 적용하고 있다. 어떤 사람이 여러분의 코드를 완전히 이해한다는 것은 그가 코드를 자유롭게 수정하고, 버그를 짚어내고, 수정된 내용이 여러분이 작성한 다른 부분의 코드와 어떻게 상호작용하는지 알 수 있어야 한다는 사실을 의미한다.

이쯤이면 여러분은 "누가 내 코드를 이해하든 말든 무슨 상관이야? 어쨌든 그 코드를 사용하는 사람은 나밖에 없다고!" 이렇게 생각할 수도 있다. 하지만 심지어 여러분이

1인 프로젝트를 수행하고 있다고 해도, 이러한 목표를 추구하는 일은 의미가 있다. 자신이 작성한 코드가 6개월 후에 낯설게 보인다면 여기서 말하는 '어떤 사람'이 바로 자기 자신이 될 수도 있기 때문이다. 어떤 일이 일어날지는 알 수 없다. 누군가 다른 사람이 프로젝트에 합류할 수도 있고, 여러분이 '1회용'으로 작성한 코드가 어딘가 다른 프로젝트에서 사용될지도 모른다.

분량이 적으면 항상 더 좋은가?

일반적으로, 더 분량이 적은 코드로 똑같은 문제를 해결할 수 있다면 그것이 더 낫다. 13장 '코드 분량 줄이기'를 보라. 코드가 5,000줄일 때보다 2,000줄일 때 더 빨리 이해하기 때문이다.

하지만 분량이 적다고 해서 항상 더 좋은 것은 아니다! 다음과 같은 한 줄짜리 코드를 이해하는 데 걸리는 시간은

```
assert((!(bucket = FindBucket(key))) || !bucket->IsOccupied());
```

아래의 두 줄짜리 코드를 이해할 때보다 더 많은 시간이 걸릴 수도 있다.

```
bucket = FindBucket(key);
if (bucket != NULL) assert(!bucket->IsOccupied());
```

마찬가지로 주석 처리는 '코드를 더하는' 행위지만 코드를 더 빨리 이해하게 도와주기도 한다.

```
// "hash = (65599 * hash) + c"의 빠른 버전
hash = (hash << 6) + (hash << 16) - hash + c;
```

그래서 적은 분량으로 코드를 작성하는 것이 좋은 목표긴 하지만, 이해를 위한 시간을 최소화하는 게 더 좋은 목표다.

이해를 위한 시간은 다른 목표와 충돌하는가?

이런 생각을 할지도 모르겠다. 코드의 효율성, 잘 구성된 아키텍처, 혹은 테스트의 용이성 등과 같은 다른 제약 조건도 고려해야 하지 않을까? 이러한 조건들이 때로는 이해하기 쉬운 코드 작성과 충돌을 일으키지 않을까?

우리가 발견한 바로는 이러한 조건들은 거의 아무런 방해가 되지 않는다. 고도로 최적화된 코드조차도 이해하기 쉽게 만드는 방법이 있다. 그리고 코드를 읽기 쉽게 만드는 노력은 종종 잘 구성된 아키텍처와 테스트하기 쉬운 코드를 작성하게 도와주기도 한다.

이 책의 나머지 부분에서는 코드를 '읽기 쉽게' 만드는 원리가 서로 다른 환경 속에서 어떻게 적용되는지 살펴볼 것이다. 의심의 여지가 있을 때에는 언제나 가독성의 기본 정리가 다른 규칙보다 앞설 것이다. 종종 프로그래머는 정리되지 않은 코드를 어쩔 수 없이 수정해야 하는 경우가 있다. 정리가 되지 않은 코드를 고치고 싶을 때는 뒤로 한 걸음 물러나서 스스로에게 물어보는 게 중요하다. 이 코드는 이해하기 쉬운가? 만약 그렇다면 다른 코드로 건너뛰어도 별 상관이 없다.

어려운 부분

상상 속에 존재하는 다른 어떤 사람이 여러분의 코드를 읽고 이해하기 쉬운지 따져보려면 당연히 추가적인 시간과 노력이 든다. 여러분은 지금까지 코딩하면서 이러한 상상력을 발휘한 적이 없기 때문에 종전과는 다른 사고 능력이 필요할 거다.

하지만 여러분도 우리처럼 이러한 목표를 받아들이면, 더 나은 프로그래머로서 전보다 적은 버그를 양산하고, 자신의 코드를 더 자랑스러워하며, 여러분의 주변 사람들이 사용하기 원하는 코드를 만들어낼 수 있게 될 것이다. 자, 이제 시작이다!

ONE

표면적 수준에서의 개선

우선 가독성 향상에 관련된 논의를 '표면적 수준^{surface-level}'에서 시작하겠다. 표면적 수준이란 좋은 이름을 짓고, 좋은 설명을 달고, 코드를 보기 좋게 정렬하는 따위를 의미한다. 이러한 수정은 반영이 쉽다. 이런 수정은 코드를 리팩토링하거나 프로그램이 동작하는 방식을 바꾸지 않고 '그 자리에서' 곧바로 만들 수 있기 때문이다. 또한 많은 시간을 투자할 필요 없이 필요한 변화를 조금씩 만들어 나갈 수도 있다.

이러한 수정은 코드베이스를 흔드는 행위이므로 결과적으로 작성하는 모든 코드에 영향을 줄 가능성이 있어 매우 중요하다. 각각의 수정이 사소하게 보일지 몰라도 쌓이면 코드베이스에 엄청난 변화를 가져올 수 있다. 여러분이 작성하는 코드 이름이 훌륭하게 지어지고, 잘 작성된 설명문이 달리고, 알맞게 빈칸이 활용되면 훨씬 더 읽기 편할 것이다.

물론 가독성에 관련된 논의는 표면적인 수준 아래에 더 많은 내용을 담고 있다. 그러한 내용은 이 책의 뒤에서 다룰 것이다. 1부에서는 폭넓게 적용할 수 있고, 많은 노력을 요구하지 않는 내용을 우선적으로 다루겠다.

2

이름에 정보 담기

변수, 함수, 혹은 클래스 등의 이름을 결정할 때는 항상 같은 원리가 적용된다. 이름을 일종의 설명문으로 간주해야 한다. 충분한 공간은 아니지만, 좋은 이름을 선택하면 생각보다 많은 정보를 전달할 수 있다.

핵심 아이디어   **이름에 정보를 담아내라.**

프로그램에서 사용하는 대다수 이름이 tmp처럼 모호하다. 사실 size 혹은 get처럼 그럴듯하게 보이는 이름조차 많은 정보를 담아내지 못한다. 우리는 이 장에서 정보를 잘 표현하는 좋은 이름을 선택하는 방법을 설명할 것이다.

이 장은 다음과 같은 여섯 개의 주제로 나누어져 있다.

- 특정한 단어 고르기.
- 보편적인 이름 피하기 (혹은 언제 그런 이름을 사용해야 하는지 깨닫기).
- 추상적인 이름 대신 구체적인 이름 사용하기.
- 접두사 혹은 접미사로 이름에 추가적인 정보 덧붙이기.
- 이름이 얼마나 길어져도 좋은지 결정하기.
- 추가적인 정보를 담을 수 있게 이름 구성하기.

특정한 단어 고르기

'이름에 정보를 담아내는' 방법 중 하나는 매우 구체적인 단어를 선택하여 '무의미한' 단어를 피하는 것이다.

예를 들어 'get'은 다음 예처럼 지나치게 보편적이다.

```
def GetPage(url):
    ...
```

여기서 'get'은 별다른 의미를 전달하지 않는다. 이 메소드는 로컬 캐시, 데이터베이스, 아니면 인터넷 중 어디에서 페이지를 가져오는 것인가? 만약 인터넷에서 가져오는 것이라면 FetchPage() 혹은 DownloadPage()가 더 의미 있는 이름이 될 것이다.

다음은 BinaryTree 클래스의 예다.

```
class BinaryTree {
    int Size();
    ...
};
```

Size() 메소드는 무엇을 반환할까? 트리의 높이[height], 노드의 개수, 아니면 트리의 메모리 사용량?

문제는 Size()라는 이름이 우리가 의도한 정보를 전달하지 못한다는 데 있다. Height(), NumNodes(), 혹은 MemoryBytes() 등이 더 의미 있는 이름일 것이다.

또 다른 예로 다음과 같은 Thread 클래스가 있다고 해보자.

```
class Thread {
    void Stop();
    ...
};
```

Stop()이라는 메소드명은 그런대로 괜찮지만, 정확히 무엇을 수행하는지에 따라서 더 의미 있는 이름을 사용할 수 있다. 예를 들어 다시는 되돌릴 수 없는 최종 동작을 수행한다면 Kill()이 더 확실한 의미를 전달할 것이다. 만약 Resume()을 호출해서 다시 돌이킬 수 있는 동작이라면 Pause()가 더 좋을 것이다.

더 '화려한' 단어 고르기

스테고사우루스   브라키오사우루스   유의어 색인집

유의어 색인집thesaurus을 찾아보거나, 동료에게 더 나은 이름을 묻는 일을 주저하면 안된다. 영어는 매우 풍부한 언어이며, 선택할 수 있는 단어는 무궁무진하다.

다음 표는 어떤 단어와 그 단어보다 상황에 더 적합할 수 있는 '화려한' 단어를 예로 나열한 것이다.

단어	대안
send	deliver, dispatch, announce, distribute, route
find	search, extract, locate, recover
start	launch, create, begin, open
make	create, set up, build, generate, compose, add, new

하지만 화려한 단어가 꼭 좋은 것은 아니다. PHP에는 문자열을 explode()하는 함수가 있다. 이는 상당히 화려한 이름으로 무언가를 조각으로 잘게 부서뜨리는 느낌을 잘 전달하지만, split()과 무엇이 다른가(두 함수는 서로 다르지만, 이름만으로는 무엇이 다른지 구별할 수 없다)?

핵심 아이디어   **재치 있는 이름보다 명확하고 간결한 이름이 더 좋다.**

tmp나 retval 같은 보편적인 이름 피하기

tmp, retval, foo 같은 이름은 "내 머리로는 이름을 생각해낼 수 없어요"라고 고백하면서 책임을 회피하는 증거에 불과하다. 이렇게 무의미한 이름이 아니라, 개체의 값이나 목적을 정확하게 설명하는 이름을 골라야 한다.

예를 들어 다음은 retval을 이용하는 자바스크립트 코드다.

```javascript
var euclidean_norm = function (v) {
    var retval = 0.0;
    for (var i = 0; i < v.length; i += 1)
        retval += v[i] * v[i];
    return Math.sqrt(retval);
};
```

반환되는 값의 이름을 생각하기 어려울 때면 그냥 retval이라는 이름을 이용하고 싶은 유혹이 만만치 않다. 하지만 retval이라는 이름은 이렇게 말하지 않아도 "저는 사실 반환되는 값이랍니다"라는 정보 이외에 아무 것도 담지 않는다.

더 좋은 이름은 변수의 목적이나 담고 있는 값을 설명해주어야 한다. 위의 예에서 변수는 v를 제곱한 값을 모두 더한 값을 담고 있다. 따라서 이 상황에서 더 좋은 이름은 sum_squares다. 이런 이름은 변수의 목적을 직접적으로 나타내므로 나중에 버그를 잡는 데 도움이 될 수도 있다. 예를 들어 실수로 루프의 내부가 다음과 같이 작성되었다고 하자.

```
retval += v[i];
```

만약 변수명이 sum_squares였다면 다음처럼 버그는 더 명백하게 드러날 것이다.

```
sum_squares += v[i]; // 더해야 하는 '제곱'은 어디에 있다는 말인가? 버그다!
```

> 조언 **retval이라는 이름은 정보를 제대로 담고 있지 않다. 대신 변수값을 설명하는 이름을 사용하라.**

하지만 오히려 보편적인 이름이 필요한 의미를 전달해주는 경우도 있다. 그러한 예를 살펴보자.

tmp

두 변수를 서로 교환하는 전형적인 알고리즘을 생각해보자.

```
if (right < left) {
    tmp = right;
    right = left;
    left = tmp;
}
```

이 경우는 tmp라는 이름이 완벽하다. 변수의 목적 자체가 코드 몇 줄에서만 사용하는 임시저장소 역할로 제한되어 있다. 이때 tmp라는 이름은 코드를 읽는 사람에게 변수가 임시저장소 이외에 다른 용도가 없다는 사실을 잘 전달한다. tmp는 다른 함수로 전달되거나, 값이 다시 초기화되거나, 여러 차례 반복적으로 사용되는 변수가 아니다.

하지만 다음 코드에서 사용된 tmp라는 이름은 게으름의 산물에 불과하다.

```
String tmp = user.name();
tmp += " " + user.phone_number();
tmp += " " + user.email();
...
template.set("user_info", tmp);
```

이 변수도 삶의 주기가 짧긴 하지만, 변수의 주된 목적은 임시적인 저장소의 역할로 국한되지 않았다. 이럴 땐 user_info 같은 이름이 더 적절하다.

다음은 이름에 tmp라는 단어가 필요하긴 하지만, 이름 전체가 아니라 일부분이 되어야 하는 경우다.

```
tmp_file = tempfile.NamedTemporaryFile()
...
SaveData(tmp_file, ...)
```

대상이 파일 객체이므로 이름을 tmp가 아니라 tmp_file로 하였다. 만약 단순히 tmp로 했으면 코드는 다음처럼 되었을 것이다.

```
SaveData(tmp, ...)
```

이러한 코드를 읽으면 tmp가 파일인지, 파일 이름인지, 아니면 파일에 기록되는 데이터 자체를 의미하는지 알 수 없다.

tmp라는 이름은 대상이 짧게 임시적으로만 존재하고, 임시적 존재 자체가 변수의 가장 중요한 용도일 때에 한해서 사용해야 한다.

루프반복자

i, j, iter, it 같은 이름은 흔히 인덱스나 루프반복자로 사용된다. 이러한 이름은 보편적이지만 "나는 반복자랍니다"라는 의미를 충분히 전달한다. 하지만 이러한 이름을 다른 목적으로 사용하면 혼동을 초래할 것이다. 따라서 그렇게 하지 말아야 한다!

i, j, k보다 루프반복자에 더 좋은 이름이 있다. 예를 들어 다음 루프는 어느 사용자가 어느 클럽에 속하는지 찾는 작업을 수행한다.

```cpp
for (int i = 0; i < clubs.size(); i++)
    for (int j = 0; j < clubs[i].members.size(); j++)
        for (int k = 0; k < users.size(); k++)
            if (clubs[i].members[k] == users[j])
                cout << "user[" << j << "] is in club[" << i << "]" << endl;
```

if 구문에서 members[]와 users[]는 잘못된 인덱스를 사용하고 있다. 이러한 종류의 버그는 코드를 따로 떼어놓고 보면 잘못된 게 없어 보여서 좀처럼 찾기 어렵다.

```cpp
if (clubs[i].members[k] == users[j])
```

이럴 때는 더 명확한 의미를 드러내는 이름을 사용하면 도움이 된다. (i, j, k) 같은 인덱스를 사용해서 루프를 반복하는 대신 (club_i, members_i, users_i) 혹은 간결하게 (ci, mi, ui) 같은 이름을 사용하는 편이 좋은 선택이다. 이렇게 하면 위와 같은 버그가 더 쉽게 모습을 드러낼 것이다.

```cpp
if (clubs[ci].members[ui] == users[mi]) # 버그! 처음 문자가 일치하지 않는다.
```

인덱스가 정확하게 사용된다면 배열 이름의 첫 번째 문자와 인덱스 자체의 처음 문자가 동일해야 한다.

```
if (clubs[ci].members[mi] == users[ui]) # 좋아. 처음 문자가 모두 일치하는군.
```

보편적인 이름에 대한 판결문

앞에서 살펴본 것처럼 보편적인 이름이 유용한 경우가 아예 없는 것은 아니다.

조언   **tmp, it, retval 같은 보편적인 이름을 사용하려면, 꼭 그렇게 해야 하는 이유가 있어야 한다.**

대부분 이런 이름은 게으름의 소치 때문에 오용될 뿐이다. 물론 어느 정도 이해할 수는 있다. 정말 좋은 이름이 떠오르지 않는다면, foo 같은 무의미한 이름을 사용하며 앞으로 전진할 수도 있다. 하지만 다만 몇 초라도 좋은 이름을 생각하려고 고민하는 습관을 들이면 '작명을 위한 내공'이 빠르게 쌓이는 것을 느낄 것이다.

추상적인 이름보다 구체적인 이름을 선호하라

변수나 함수 혹은 다른 요소에 이름을 붙일 때, 추상적인 방식이 아니라 구체적인 방식으로 묘사하라.

예를 들어 서버가 어느 TCP/IP 포트를 사용할 수 있는지 검사하는 ServerCanStart( )라는 내부 메소드가 있다고 하자. 이때 ServerCanStart( )라는 이름은 다소 추상적이다. 이보다 더 구체적인 이름은 CanListenOnPort( )다. 이 이름은 해당 메소드가 수행하는 일을 직접적으로 설명한다.

다음 두 개의 예로 이러한 개념을 더 깊이 있게 살펴보자.

예: DISALLOW_EVIL_CONSTRUCTOR

다음은 구글의 코드베이스에서 가져온 예다. C++는 프로그래머가 클래스를 위한 복사 생성자^{copy constructor}나 할당 연산자^{assignment operator}를 생략하면, 자동으로 기본값을 제공한다. 이는 편리한 기능이지만, 여러분이 모르는 사이에 '무대 뒤에서' 벌어지기 때문에 메모리 누수나 각종 다른 종류의 문제를 야기하기 쉽다.

결과적으로 구글은 매크로를 이용해서 '사악한' 생성자가 만들어지는 것을 불허하는 정책을 사용하기로 결정했다.

```
class ClassName {
  private:
    DISALLOW_EVIL_CONSTRUCTORS(ClassName);

  public:
    ...
};
```

매크로의 내용은 다음과 같이 정의되었다.

```
#define DISALLOW_EVIL_CONSTRUCTORS(ClassName)
    ClassName(const ClassName&); \
    void operator=(const ClassName&);
```

이 매크로를 클래스의 private: 섹션에 놓았기 때문에 두 메소드는 프라이빗 멤버가 되며, 따라서 우연히 사용될 수 없다.

그렇지만 여기에서 DISALLOW_EVIL_CONSTRUCTORS라는 이름은 별로 좋지 못하다. '사악한^{evil}'이라는 단어가 논쟁의 여지가 있을 정도로 지나치게 강한 표현이기 때문이다. 더 중요한 건 매크로가 금지하는^{disallowing} 대상이 무엇인지 드러나지 않는다는 것이다. 이 매크로는 operator=()를 금지하는데, 이는 사실 생성자^{constructor}도 아니다! 이 이름은 여러 해 동안 사용되다가 덜 자극적이고 더 구체적인 새로운 이름으로 대체되었다.

```
#define DISALLOW_COPY_AND_ASSIGN(ClassName) ...
```

예: --run_locally

우리가 작성한 프로그램에서 --run_locally라는 명령행 플래그$^{command-line\ flag}$ 옵션을 사용한 적이 있다. 이 플래그가 선택되면 프로그램은 디버깅 정보를 출력한다. 대신 동작 속도는 다소 느려진다. 이 플래그는 주로 노트북 같은 로컬 컴퓨터에서 테스트를 수행할 때 사용된다. 그렇지만 프로그램이 원격 서버 위에서 동작할 때는 성능이 중요하기 때문에 이 플래그를 사용하지 않는다.

--run_locally라는 이름이 어떻게 탄생했는지 어느 정도 이해는 되지만, 이 이름에는 몇 가지 문제가 있다.

- 팀에 새로 합류한 사람은 무엇을 위한 플래그인지 알 수 없다. 프로그램을 로컬 컴퓨터에서 실행할 때는 (대충 짐작으로) 플래그를 사용하겠지만, 왜 필요한지는 알지 못한다.
- 때로는 프로그램을 원격 컴퓨터에서 실행할 때도 디버깅 정보를 출력할 수 있다. 원격으로 실행되는 프로그램에 --run_locally라는 플래그를 전달하는 우스운 광경으로 인하여 혼란이 초래된다.
- 로컬 컴퓨터에서 성능검사를 수행할 때 로깅 기능으로 인한 성능저하를 원하지 않는 경우도 있다. 이 때는 --run_locally라는 플래그를 사용하지 않을 것이다.

문제는 --run_locally라는 이름이 실제 내용보다 주로 사용되는 환경을 나타내는 방식으로 지어졌다는 점이다. 이보다는 --extra_logging이라는 이름이 더 직접적이고 명확하다.

하지만 --run_locally 플래그가 추가적인 로깅 이외에 다른 일도 해야 한다면 어떻게 할까? 예를 들어 로컬 데이터베이스를 설정하고 사용하는 일을 수행한다고 하자. 이 경우 --run_locally라는 이름이 추가적인 로깅과 로컬 데이터베이스 설정이라는 두 가지 동작을 모두 포괄할 수 있으므로 매력적으로 보인다.

하지만 이름을 선택하는 이유가 모호하고 간접적이므로 좋은 이름이라 볼 수 없다. 이런 상황에서 더 좋은 방법은 --use_local_database라는 두 번째 플래그를 만드는 것이다. 이제 플래그 두 개를 사용해야 하지만, 의미는 훨씬 더 명확하다. use_local_database 플래그는 서로 교차하는 생각을 하나로 뭉뚱그리지 않으며, 둘 중 하나만 사용할 수 있어 유연한 선택도 제공한다.

추가적인 정보를 이름에 추가하기

앞에서 언급한 바와 같이 변수의 이름은 작은 설명문이다. 충분한 공간은 아니지만, 이름 안에 끼워 넣은 추가 정보는 변수가 눈에 보일 때마다 전달된다.

따라서 사용자가 반드시 알아야 하는 변수와 관련한 중요한 정보를 추가적인 '단어'로 만들어서 이름에 붙이는 게 좋다. 예를 들어 16진수 문자열을 담고 있는 변수가 있다고 해보자.

```
string id; // Example: "af84ef845cd8"
```

사용자가 ID의 내용을 기억해야 한다면, 변수명을 hex_id로 하는 편이 더 나을 것이다.

단위를 포함하는 값들

변수가 시간의 양이나 바이트의 수와 같은 측정치를 담고 있다면, 변수명에 단위를 포함시키는 게 도움이 된다.

다음은 웹페이지를 로딩하는 시간을 측정하는 자바스크립트 코드다.

```
var start = (new Date()).getTime(); // 페이지의 맨 위
...
var elapsed = (new Date()).getTime() - start;  // 페이지의 맨 아래
document.writeln("Load time was: " + elapsed + " seconds");
```

이 코드는 특별한 오류를 발생시키지는 않지만 getTime()이 초^{second}가 아니라 밀리초^{millisecond}를 반환하기 때문에 잘못된 결과를 출력한다.

변수에 _ms를 추가하면 모든 문제가 명확해진다.

```
var start_ms = (new Date()).getTime(); // top of the page
...
var elapsed_ms = (new Date()).getTime() - start_ms;  // bottom of the page
document.writeln("Load time was: " + elapsed_ms / 1000 + " seconds");
```

프로그래밍에서는 비단 시간뿐만 아니라 다른 단위도 자주 사용된다. 다음 표는 단위를 포함하지 않는 함수의 인수와 단위를 포함하는 더 나은 함수의 인수를 나타내고 있다.

함수	인수 단위를 포함하게 재작성
Start(int **delay**)	delay → **delay_secs**
CreateCache(int **size**)	size → **size_mb**
ThrottleDownload(float **limit**)	limit → **max_kbps**
Rotate(float **angle**)	angle → **degrees_cw**

다른 중요한 속성 포함하기

이름에 추가적인 정보를 붙이는 기술은 단위를 포함하는 값에 국한되지만은 않는다. 어떤 변수에 위험한 요소 혹은 나중에 놀랄만한 내용이 있다면 언제든지 이 방법을 사용할 필요가 있다.

예를 들어 대부분의 보안 취약점은 프로그램이 전달받는 일부 데이터가 아직 불안전하다는 사실을 제대로 인식하지 못할 때 발생한다. 이러한 부분은 untrustedUrl이나 unsafeMessageBody와 같은 변수명을 사용하여 보완하는 게 좋다. 안전하지 않은 입력을 안전하게 만드는 함수를 호출한 다음에는, 동일한 데이터의 내용을 trustedUrl이나 safeMessageBody와 같은 변수명에 담는다.

다음 표는 이름에 추가적인 정보를 나타내야 하는 여러 가지 상황을 보여준다.

상황	변수명	더 나은 이름
패스워드가 'plaintext'에 담겨 있고, 추가적인 처리를 하기 전에 반드시 암호화되어야 한다.	password	**plaintext**_password
사용자에게 보여지는 설명문comment이 화면에 나타나기 전에 이스케이프escaping 처리가 되어야 한다.	comment	**unescaped**_comment
html의 바이트가 UTF-8으로 변환되었다.	html	**html**_utf8
입력데이터가 'url encoded'되었다.	data	**data**_urlenc

그렇다고 프로그램의 모든 변수에 unescaped_ 혹은 _utf8 같은 추가적인 정보를 담을 필요는 없다. 이러한 테크닉은 만약 누군가 변수를 잘못 이해했을 때, 예컨대 보안과 관련된 버그처럼 심각한 결과를 낳을 가능성이 있을 때만 중요한 의미가 있다. 즉 변수의 의미를 제대로 이해하는 것이 중요하다면 그 의미를 드러내는 정보를 변수의 이름에 포함시켜야 한다.

지금까지 익힌 내용이 헝가리언 표기법인가요?

헝가리언 표기법은 마이크로소프트 내부에서 널리 사용하는 표기법이다. 모든 변수의 '타입^{Type}'을 이름 앞에 붙여 넣으면 된다. 다음은 몇 가지 예다.

이름	의미
pLast	어떤 데이터 구조에 속한 마지막 요소의 포인터(p)
pszBuffer	0(z)으로 끝나는 문자열(s) 버퍼를 가리키는 포인터(p)
cch	캐릭터 문자열(ch)의 카운트(c)
mpcopx	컬러에 대한 포인터(pco)에서 x축 길이(px)를 향하는 포인터(p)로의 맵(m)

사실 헝가리언 표기법은 '이름에 추가적인 속성을 붙이는' 방법이다. 이는 공식적이고 엄격한 시스템으로, 객체 타입이라는 특정한 속성의 집합을 이름에 부여하는 데 초점을 둔다.

우리가 이 장에서 설명하는 건 헝가리언 표기법보다 더 넓고 비공식적인 시스템이다. 어떤 변수가 가지는 중요한 속성을 포착한 다음, 그 속성에 중요한 의미가 있으면 변수명에 포함시키는 방법이다. 원한다면 이 방법을 '잉글리쉬 표기법'이라고 불러도 좋다.

이름은 얼마나 길어야 하는가?

좋은 이름을 선택할 때, 이름이 지나치게 길면 안 된다는 제한이 암묵적으로 존재한다. 다음과 같은 이름을 사용하려는 사람은 아무도 없을 것이다.

```
newNavigationControllerWrappingViewControllerForDataSourceOfClass
```

이름이 길면 길수록 기억하기도 어렵고, 다음 줄로 코드가 넘어갈 수 있을 정도로 화면도 더 많이 차지한다.

반면 프로그래머는 이름이 길면 안 된다는 조언을 너무 맹목적으로 받아들인 나머지 오직 단어 하나 혹은 문자 하나로 된 이름을 사용할지도 모른다. 이와 같은 양극단을 어떻게 조정해야 하는가? 변수명을 d, days, 혹은 days_since_last_update 중에서 어떤 걸로 할지 어떻게 결정하는가?

이럴 땐 결국 변수의 정확한 용도에 따라 그때그때 판단해야 한다. 다행히도 그러한 판단에 도움이 될 만한 조언이 있다.

좁은 범위에서는 짧은 이름이 괜찮다

단기휴가를 떠날 때는 장기휴가를 떠날 때에 비해서 챙겨야 하는 짐이 적다. 마찬가지로 (이름이 '나타나는' 코드의 줄 수를 의미하는) 좁은 '범위^{scope}'에서만 사용되는 변수의 이름에 많은 정보를 담을 필요가 없다. 즉, 변수의 타입이 무엇인지, 초기값이 무엇인지, 그것이 어떻게 사라지는지 등과 같은 변수가 담고 있는 모든 정보가 쉽게 한눈에 보이므로 짧은 이름을 사용해도 상관없다.

```
if (debug) {
    map<string,int> m;
    LookUpNamesNumbers(&m);
    Print(m);
}
```

여기서 m은 아무런 정보를 담고 있지 않지만, 필요한 모든 정보를 코드에서 쉽게 확인할 수 있으므로 문제될 게 없다.

하지만 m이 클래스의 멤버이거나 전역 변수일 때 다음과 같은 코드를 만나면 이야기가 달라진다.

```
LookUpNamesNumbers(&m);
Print(m);
```

이 경우에는 m의 타입이나 목적이 드러나지 않으므로 코드 가독성이 떨어진다.

따라서 어떤 이름이 큰 범위를 갖는다면, 이름에 의미를 분명하게 만들기 위한 정보를 충분히 포함해야 한다.

긴 이름 입력하기 – 더 이상 문제가 되지 않는다

긴 이름을 사용하면 안 되는 이유는 많다. 하지만 "긴 이름은 입력하기 어렵다"는 변명은 더 이상 성립하지 않는다. 우리가 확인한 바로는 프로그래밍 문서편집기에는 '단어 완성 기능'이 있다. 놀랍게도 많은 프로그래머가 이러한 기능을 모르고 있다. 문서편집기에 있는 이 기능을 아직 사용하지 않는다면 당장 책을 내려놓고 다음 사실을 확인해 보기 바란다.

1 어떤 이름의 처음 몇 글자를 입력하라.

2 단어완성 기능을 수행하라(표 참조).

3 완성된 단어가 정확하지 않으면, 맞는 단어가 나타날 때까지 동일한 명령을 수행하라.

이 기능은 놀라울 정도로 정확하다. 모든 종류의 파일, 언어에서 사용할 수 있다. 그리고 어떤 종류의 토큰token도, 심지어 주석을 달 때도 지원된다.

문서편집기	명령어
Vi	Ctrl-p
Emacs	Meta-/ (/ 다음에 ESC를 입력한다)
이클립스	Alt-/
IntelliJ IDEA	Alt-/
TextMate	ESC

약어와 축약형

프로그래머들은 때때로 짧은 이름을 위해서 약어나 축약형을 사용한다. 예를 들어 BackEndManager 대신 BEManager라는 이름을 사용한다. 이러한 축약이 나중에 일어날지 모르는 혼란을 무릅쓸만한 가치가 있을까?

경험에 비추어보면 특정 프로젝트에 국한된 의미를 가진 약어 사용은 좋은 생각이 아니다. 이런 이름은 프로젝트에 새로 합류한 사람에게 비밀스럽고 위협적인 모습으로 다가온다. 시간이 흐르고 흐르면, 심지어 이름을 만들어낸 장본인에게조차 비밀스럽고 위협적인 모습을 지니게 된다.

따라서 우리의 규칙은 이렇다. 팀에 새로 합류한 사람이 이름이 의미하는 바를 이해할 수 있을까? 만약 그렇다면 그 이름은 괜찮은 것이다.

예를 들어 프로그래머 사이에서 evaluation 대신 eval을 사용하고, document 대신 doc을 사용하고, string 대신 str을 사용하는 경우는 꽤 흔하다. 그렇기 때문에 새로 온 프로그래머도 FormatStr()이라는 함수를 보면 의미하는 바를 이해할 수 있을 것이다. 하지만 BEManager의 의미는 이해할 수 없다.

불필요한 단어 제거하기

경우에 따라서는 아무런 정보를 손실하지 않으면서 이름에 포함된 단어를 제거할 수도 있다. 예를 들어 ConvertToString()이라는 이름 대신 ToString()이라고 짧게 써도 실질적인 정보는 사라지지 않는다. 마찬가지로 DoServeLoop() 대신 ServeLoop()라고 해도 의미는 충분히 명확하다.

이름 포맷팅으로 의미를 전달하라

밑줄^{underscores}과 대시^{dashes} 그리고 대문자를 잘 이용하면 이름에 더 많은 정보를 담을 수 있다. 예를 들어 다음은 구글의 오픈소스 프로젝트에서 사용되는 포맷팅 관습^{formatting conventions}을 따르는 C++ 코드다.

구글 오픈소스 프로젝트

```
static const  int kMaxOpenFiles = 100;

class LogReader {
  public:
    void OpenFile(string local_file);
```

```
    private:
      int offset_;
      DISALLOW_COPY_AND_ASSIGN(LogReader);
    };
```

문법적 차이가 드러나게 서로 다른 개체의 이름에 각자 다른 포맷팅 방식을 적용하는 방법은 코드를 더 읽기 쉽게 해준다.

이 예에서 사용된 포맷팅 방식은 클래스명을 CamelCase라고 쓰고 변수명을 lower_separated라고 썼는데, 이런 방식은 상당히 흔한 관습이다. 하지만 어떤 관습은 다른 사람에게 이상하게 보일 수도 있다.

예를 들어 상수값으로 CONSTANT_NAME이 아니라 kConstantName과 같은 형태를 쓰는 경우다. 이렇게 하면 상수가 관습적으로 MACRO_NAME처럼 쓰이는 #define 매크로와 잘 구별되는 이점이 있다.

클래스의 멤버 변수들은 평범한 변수들과 다를 바 없다. 하지만 offset_처럼 반드시 밑줄로 끝나야 한다. 처음에는 이런 관습이 이상하게 보일 수도 있지만, 멤버 변수를 다른 변수와 구별할 수 있어 상당히 편리하다. 예를 들어 긴 메소드 안에 담긴 코드를 읽어나가다가 다음과 같은 코드를 만났다고 해보자.

```
    stats.clear();
```

이런 코드를 만나면 "stats가 이 클래스에 속하는 것인가? 이 코드는 클래스의 내부 상태를 변경시키고 있는가?"하고 궁금할 것이다. 만약 member_와 같은 관습을 쓰고 있었다면 코드를 읽은 여러분은 곧바로 "아니야, stats는 멤버 변수가 아니라 로컬 변수로군. 멤버였다면 stats_라고 불렸을 거야"라고 생각할 것이다.

다른 포맷팅 관습

프로젝트나 언어에 따라서, 이름에 더 많은 정보를 담을 수 있는 포맷팅 관습이 있을 수 있다.

예를 들어 『더글라스 크락포드의 자바스크립트 핵심 가이드』(한빛미디어, 2008)[1]에서 더글라스는 new와 함께 호출되는 함수인 '생성자'를 대문자로 표시하고 다른 평범한 함수는 소문자로 표기할 것을 제안했다.

```
var x = new DatePicker(); // DatePicker()는 '생성자' 함수다.
var y = pageHeight(); // pageHeight()는 평범한 함수다.
```

다음은 또 다른 자바스크립트 예다. 이름이 $만으로 이루어진 jQuery 라이브러리 함수를 호출할 때 jQuery의 결과를 저장하는 변수 앞에 $를 붙이는 관습은 상당히 유용하다.

```
var $all_images = $("img"); // $all_images는 jQuery 객체다.
var height = 250; // height는 아니다.
```

이렇게 하면 코드 전체를 통해서 $all_images가 jQuery의 결과를 담는 객체라는 사실이 뚜렷해진다.

마지막 예가 하나 더 있다. 이번에는 HTML/CSS를 사용한다. HTML 태그에 id나 class 속성을 부여할 때, 밑줄과 대시는 값 내부에서 사용할 만한 유용한 문자다. 예를 들어 밑줄로 ID 안에 있는 단어를 구분하고, 대시로 클래스 안에 있는 단어를 구분할 수 있다.

```
<div id="middle_column" class="main-content"> ...
```

이러한 관습을 실제로 사용할지는 여러분과 팀의 결정에 달려 있다. 이렇게 하면 코드를 읽는 사람은 이름만으로도 많은 정보를 추출할 수 있다.

---

1 역자주 『JavaScript: The Good Parts』(Douglas Crockford. OReilly Media)

지금까지 이름에 정보를 넣는 방법을 알아보았다. 이를 잘 활용하면 이름만 봐도 많은 정보를 얻을 수 있다.

다음은 우리가 지금까지 다룬 내용을 정리한 것이다.

- **특정한 단어를 사용하라** – 예를 들어 상황에 따라 Get 대신 Fetch나 Download를 사용하는 것이 더 나을 수 있다.

- 꼭 그래야 하는 이유가 없다면 tmp나 retval과 같은 **보편적인 이름의 사용을 피하라.**

- 대상을 자세히 묘사하는 **구체적인 이름을 이용하라** – ServerCanStart()는 CanListenOnPort() 에 비해서 의미가 모호하다.

- 변수명에 중요한 **세부 정보를 덧붙여라** – 예를 들어 밀리초의 값을 저장하는 변수 뒤에 _ms를 붙이거나 이스케이핑을 수행하는 변수의 앞에 raw_를 붙이는 것이다.

- **사용 범위가 넓으면 긴 이름을 사용하라** – 여러 페이지에 걸쳐서 사용되는 변수의 이름을 하나 혹은 두 개의 짧은 문자로 구성해 의미를 알아보기 힘들게 짓지 말라. 다만 적은 분량(좁은 범위)에서 잠깐 사용되는 변수명은 짧을수록 더 좋다.

- **대문자나 밑줄 등을 의미 있는 방식으로 활용하라** – 예를 들어 클래스 멤버를 로컬 변수와 구분하기 위해서 뒤에 '_'를 붙일 수 있다.

3
오해할 수 없는 이름들

---

1 **역자주**_원문에서 사용된 right는 수긍의 의미와 오른쪽이라는 의미가 중첩되어 있다. 즉 만화의 포인트는 대답하는 사람이 왼쪽의 줄을 자르라고 말하는 것인지 아니면 오른쪽을 자르라고 말하는 것인지 알 수 없다는 데 있다.

앞 장에서 이름에 많은 정보를 담는 방법을 살펴보았다. 3장에서는 의미를 오해하기 쉬운 이름에 대해서 알아볼 것이다.

핵심 아이디어 **본인이 지은 이름을 "다른 사람들이 다른 의미로 해석할 수 있을까?"라는 질문을 던져보며 철저하게 확인해야 한다.**

이런 질문을 던질 때에는 여러 가지 '그릇된 해석'을 상상할 만큼 최대한 창의적일 필요가 있다. 이러한 과정으로 모호한 이름을 고칠 수 있다.

이 장에서 사용되는 예에서 각각의 이름에 대한 잘못된 해석을 생각해보고, 더 나은 이름을 찾아보도록 노력할 것이다.

예: Filter()

데이터베이스가 반환한 결과를 수정하는 코드를 작성한다고 해보자.

```
results = Database.all_objects.filter("year <= 2011")
```

results는 어떤 데이터를 담고 있는가?

- year <= 2011인 객체들인가?
- year <= 2011이 아닌 객체들인가?

여기서는 filter의 의미가 모호하여 문제가 생긴다. 대상을 '고르는' 것인지 아니면 '제거하는' 것인지 불분명하다. 이러한 이름은 의미를 오해할 가능성이 크므로 사용하지 않는 게 최선이다.

대상을 '고르는' 기능을 원한다면 select()가, 대상을 '제거하는' 기능을 원한다면 exclude()가 더 낫다.

예: Clip(text, length)

어떤 문단의 내용을 오려내는 함수가 있다고 해보자.

```
# 텍스트의 끝을 오려낸 다음 '...'을 붙인다
def Clip(text, length):
    ...
```

여기에서 Clip()이 동작하는 방식을 다음 두 가지로 이해할 수 있다.

- 문단의 끝에서부터 거꾸로 length만큼 제거한다.
- 문단을 처음부터 최대 length만큼 잘라낸다.

문단을 처음부터 length만큼 잘라내는 두 번째 방법을 뜻하는 듯하지만 확실하지는 않다. 코드를 읽는 사람이 이런 짜증나는 의심에 휩싸이게 만드는 대신, 함수명을 처음부터 Truncate(text, length)로 짓는 것이 좋을 것이다.

여기서 파라미터의 이름 length도 비난을 받을 만하다. 만약 max_length로 하면, 의미를 더욱 뚜렷하게 만들어 줄 것이다.

하지만 이뿐만 아니다. max_length라는 이름도 여러 의미로 해석될 수 있다.

- 바이트의 수
- 문자의 수
- 단어의 수

앞 장에서 보았듯이, 이는 이름에 단위가 덧붙여져야 하는 예다. 여기서 우리는 해당 변수로 '문자의 수'를 나타내고자 하므로 변수명은 max_length 대신 max_chars가 되어야 한다.

경계를 포함하는 한계값을 다룰 때는 min과 max를 사용하라

여러분의 쇼핑카트 애플리케이션은 고객이 한번에 10개 이상의 품목을 구매하지 못하게 해야 한다.

```
CART_TOO_BIG_LIMIT = 10

if shopping_cart.num_items() >= CART_TOO_BIG_LIMIT:
    Error("Too many items in cart.")
```

이 코드는 경계선의 값이 1만큼 벗어나게 하는 전형적인 버그를 포함한다. >=을 >으로 고치면 버그를 잡을 수 있다.

```
if shopping_cart.num_items() > CART_TOO_BIG_LIMIT:
```

혹은 CART_TOO_BIG_LIMIT의 값을 11로 설정해도 된다. 하지만 더 근본적인 문제는 CART_TOO_BIG_LIMIT이라는 이름이 모호하다는 데 있다. 그 이름이 '그 수까지[up to]'를 의미하는지 아니면 '해당 수를 포함하면서 그 수까지[up to and including]'를 의미하는지 분명하지 않다.

조언   **한계를 설정하는 이름을 가장 명확하게 만드는 방법은 제한받는 대상의 이름 앞에 max_나 min_을 붙이는 것이다.**

이 경우에는 이름을 MAX_ITEMS_IN_CART로 하자. 그러면 코드는 간단하고 명확해진다.

```
MAX_ITEMS_IN_CART = 10

if shopping_cart.num_items() > MAX_ITEMS_IN_CART:
    Error("Too many items in cart.")
```

경계를 포함하는 범위에는 first와 last를 사용하라

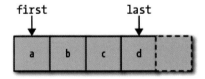

다음은 '그 수까지'와 '해당 수를 포함하면서 그 수까지'의 경우가 불분명한 코드의 또 다른 예다.

```
print integer_range(start=2, stop=4)
# 이 코드는 [2,3]과 [2,3,4] 중에서 무엇을 출력하는가? (아님 뭔가 다른 것을 출력하는가?)
```

start는 그럴듯한 변수명인데, stop은 여러 가지 방식으로 해석될 수 있다.

이 예처럼, 경계의 양 끝 점이 포함된다는 의미에서 경계를 포함하는 범위에는 first/last가 좋은 선택이다.

```
set.PrintKeys(first="Bart", last="Maggie")
```

stop과 달리 last라는 이름은 그것이 포함된다는 의미가 뚜렷하다.

first/last뿐만 아니라 min/max도 해당 문맥에서 '의미 있게 들린다면' 경계를 포함하는 범위에서 사용될 수 있다.

경계를 포함하고/배제하는 범위에는 begin과 end를 사용하라

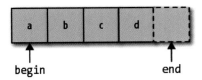

실전에서는 범위의 한쪽 끝이 포함되지만 다른 한쪽 끝은 포함되지 않는 범위가 종종 편리하게 사용된다. 예를 들어 10월 16일에 일어난 일을 모두 출력하고 싶을 때

```
PrintEventsInRange("OCT 16 12:00am", "OCT 17 12:00am")
```

라고 쓰는 것이 아래보다 더 편리하다.

```
PrintEventsInRange("OCT 16 12:00am", "OCT 16 11:59:59.9999pm")
```

그럼, 이와 같은 파라미터에 적합한 변수명의 짝으로 무엇이 있을까? 이렇게 '포함/배제가' 동시에 일어나면 begin/end를 사용하는 전형적인 프로그래밍 관행이 있다.

그렇지만 end라는 단어는 다소 의미가 모호하다. 예를 들어 '나는 책의 끝부분을 읽고 있다'라는 문장에서 끝은 범위에 포함된다. 불행하게도 영어에는 '마지막 값을 방금 지났음'을 의미하는 간결한 단어가 없다.

being/end는 적어도 C++의 표준 라이브러리와 배열이 이렇게 처음은 포함되고 끝은 포함되지 않는 방식으로 '분할될' 필요가 있는 곳에서 관용구처럼 사용되므로, 이 상황에서는 최선의 선택이다.

불리언 변수에 이름 붙이기

불리언 변수 혹은 불리언값을 반환하는 함수에 이름을 붙일 때는 true와 false가 각각 무엇을 의미하는지 명확해야 한다.

다음은 위험한 예다.

```
bool read_password = true;
```

위 코드는 말장난이 아니라 읽는 방법에 따라서 두 가지 상반된 해석이 가능하다.

● 우리는 패스워드를 읽을 필요가 있다.

● 패스워드가 이미 읽혔다.

이 경우에는 'read'라는 단어를 사용하지 않는 것이 최선이다. 대신 need_password 혹은 user_is_authenticated를 사용한다.

일반적으로 is, has, can, should와 같은 단어를 더하면 불리언값의 의미가 더 명확해진다.

예를 들어 SpaceLeft() 같은 함수는 숫자값을 반환할 것처럼 보인다. 만약 불리언값을 반환한다면 HasSpaceLeft()가 더 적합할 것이다.

끝으로 이름에서는 의미를 부정하는 용어를 피하는 것이 좋다. 아래와 같은 이름 대신

```
bool disable_ssl = false;
```

다음과 같은 이름을 사용하면 더 간결하고 읽기 좋다.

```
bool use_ssl = true;
```

사용자의 기대에 부응하기

사용자가 어떤 이름의 의미를 이미 특정한 방식으로 이해해서 실제로 다른 의미가 있음에도 오해를 초래할 때가 있다. 이런 경우에는 '굴복하고' 그것이 일반적인 의미를 갖도록 하는 게 좋다.

예: get*()

프로그래머들은 대개 get으로 시작되는 이름의 메소드는 '가벼운 접근자lightweight accessors'로서 단순히 내부 멤버를 반환한다고 관행적으로 생각한다. 때문에 이러한 관행에 어긋나는 방식으로 이름을 지으면 혼란을 초래할 것이다. 다음은 따라 하면 안 되는 자바로 작성된 사례다.

```
public class StatisticsCollector {
    public void addSample(double x) { ... }

    public double getMean() {
        // 모든 샘플을 반복한 다음 total / num_samples를 반환한다.
    }
    ...
}
```

이 경우에 getMean()은 과거 데이터를 순차적으로 짚어가면서 동적으로 중앙값을 계산한다. 만약 데이터의 분량이 많으면 이러한 계산은 상당히 오래 걸릴 것이다! 하지만 이런 사실을 모르는 프로그래머는 이 메소드의 계산을 간단한 것으로 간주하고 부주의하게 getMean()을 호출할지도 모른다.

따라서 이러한 메소드명을 computeMean()처럼 고쳐서 시간이 제법 걸리는 연산이라는 사실을 명확하게 드러내는 게 좋다. 아니면 메소드 자체를 가벼운 연산을 수행하도록 다시 작성할 수도 있다.

예: list::size()

다음은 C++ 표준 라이브러리에서 가져온 예다. 이 코드는 아주 찾기 힘든 버그를 담고 있는데, 우리가 사용하는 서버 중 한 대는 이 버그 때문에 실행속도가 거의 기어가다시피 느려졌다.

```
void ShrinkList(list<Node>& list, int max_size) {
    while (list.size() > max_size) {
        FreeNode(list.back());
        list.pop_back();
    }
}
```

이 코드에서 '버그'는 코드를 작성한 사람이 list.size()가 O(n) 연산[1]이라는 사실을 몰랐다는 사실에 기인한다. 이 함수는 미리 계산된 카운트를 반환하는 게 아니라 연결리스트를 노드에서 노드로 옮겨가면서 일일이 수를 헤아려서 값을 반환한다. 그렇기 때문에 ShrinkList() 함수 전체는 O(n^2) 연산이 된다.

코드 자체는 기술적으로 '정확하며' 사실 우리가 작성한 유닛테스트 코드를 모두 통과했다. 하지만 ShrinkList()가 백만 개의 요소를 담고 있는 리스트에 호출되면서 계산이 모두 끝날 때까지 한 시간이 넘게 걸렸다!

어쩌면 여러분은 "그건 함수를 호출하는 사람의 잘못이지! 관련된 문서를 주의 깊게 읽었어야 해"라고 생각할지도 모른다. 사실 그렇다. 하지만 이 경우에는 list.size()가 일정한 시간을 소비하지 않는다는 사실이 의외인 것이다. C++에 존재하는 다른 모든 컨테이너는 size() 메소드가 일정한 시간을 소비하기 때문이다.

만약 size()를 countSize()나 countElements()라고 했다면, 같은 종류의 실수가 일어날 확률은 더 적었을 것이다. C++ 표준 라이브러리 작성자는 vector나 map과 같은 다른 종류의 컨테이너가 사용하는 메소드의 이름과 일치시키기 위해서 이 메소드를 size()라고 불렀을 것이다. 하지만 이렇게 했기 때문에 프로그래머들은 다른 컨테이너에서와 마찬가지로 빠른 속도로 연산할거라고 오해하게 되었다. 다행히도 최근에 C++ 표준 라이브러리에서 "size()는 O(1)이어야 한다"는 규칙을 정했다.

---

1 역자주_컴퓨터공학 알고리즘 과목에서 사용하는 함수. 보통 '빅 오'라고 읽는다.

예: 이름을 짓기 위해서 복수의 후보를 평가하기

좋은 이름을 정할 때 마음속으로 떠올리는 후보가 여럿 있게 마련이다. 어느 하나를 최종적으로 선택하기 전에 각 이름의 장점을 따져보기 마련이다. 다음 예는 이러한 과정을 설명하고 있다.

방문자가 많은 웹사이트는 종종 어떤 변화가 비즈니스에 도움이 되는지 '실험'한다. 다음은 이와 같은 실험을 구성하는 데 사용되는 구성 파일의 예다.

```
experiment_id: 100
description: "increase font size to 14pt"
traffic_fraction: 5%
...
```

각 실험은 15개 정도의 속성/값 짝으로 정의되었다. 불행하게도 비슷한 종류의 다른 실험을 정의하려면 여기 적힌 줄을 대부분 그대로 복사해서 붙여넣어야 한다.

```
experiment_id: 101
description: "increase font size to 13pt"
[다른 줄은 experiment_id 100과 동일하다]
```

이러한 상황을 개선하려고 하나의 실험이 다른 실험의 속성을 읽을 수 있게 만들었다고 해보자(이는 일종의 '속성 상속' 패턴에 해당한다). 그렇다면 다음과 같은 결과를 얻게 될 것이다.

```
experiment_id: 101
the_other_experiment_id_I_want_to_reuse: 100
[필요에 따라서 다른 속성을 변경하라]
```

여기에서 질문은 다음과 같다. the_other_experiment_id_I_want_to_reuse는 어떤 이름을 가져야 하는가?

고려할 만한 이름으로는 다음과 같은 네 가지가 있다.

1 template

2 reuse

3 copy

4 inherit

이러한 이름들은 적어도 우리에게는 모두 뜻이 잘 통한다. 새로운 기능을 구성 파일에 더하는 사람이 바로 우리 자신이기 때문이다. 하지만 이 기능을 모르는 사람이 이 코드를 읽으면 이름을 어떻게 생각할지를 신중하게 고려할 필요가 있다. 코드를 읽은 사람이 이름이 뜻하는 바를 잘못 해석할 가능성을 염두에 두면서 각각의 이름을 분석해보자.

1 template을 사용할 때

```
experiment_id: 101
template: 100
...
```

템플릿이라는 이름에는 두 가지 문제가 있다. 우선 "내가 템플릿이야"라고 말하는지 아니면 "나는 다른 템플릿을 사용하고 있어"라고 말하는지 분명하지 않다. 두 번째로 'template'이라는 표현은 종종 구체적인 의미를 갖기 전에 반드시 '채워져야'하는 추상적인 무엇이라는 사실을 의미한다. 그렇기 때문에 어떤 사람은 템플릿을 사용하는 실험이 '진짜' 실험이 아니라고 생각할 수 있다. 결론적으로 template이라는 이름은 지나치게 모호하다.

2 reuse는 어떨까?

```
experiment_id: 101
reuse: 100
...
```

reuse는 괜찮은 단어다. 하지만 이 단어를 보고 어떤 사람은 "이 실험은 최대한 100번까지 재사용될 수 있구나"라고 생각할지도 모른다. 그러면 이름을 reuse_id로 바꾸어보자. 하지만 이 경우에도 reuse_id:100이라는 표현을 "재사용을 위한 나의 id는 100이야"라는 의미로 받아들일 수도 있다.

3 copy는 어떨까?

```
experiment_id: 101
copy: 100
...
```

copy는 좋은 단어다. 하지만 copy:100은 마치 "이 실험을 100번 복사하라"나 "어떤 무엇의 100번째 복사물이다"라는 말처럼 들린다. 이 용어가 다른 실험을 가리킨다는 사실을 명확하게 하려면, 이름을 copy_experiment처럼 바꾸는 것이 좋다. 지금까지 살펴본 이름 중에서는 이 이름이 가장 좋다.

4 그렇지만 inherit를 생각해보자.

```
experiment_id: 101
inherit: 100
...
```

'상속^{inherit}'이라는 단어는 대부분의 프로그래머에게 친숙하며, 프로그래머는 상속이 이루어진 다음에 추가적인 수정이 일어난다는 사실도 잘 알고 있다. 클래스 상속에서는 상속된 클래스가 가지고 있는 모든 메소드와 멤버를 사용할 수 있고, 필요에 따라서 그들을 수정하거나 추가적인 내용을 더하기도 한다. 실제로 삶에서도 친척의 재산을 물려받거나 하는 일이 생기면, 여러분은 그것을 내다 팔거나 아니면 그냥 소유할 것이다.

하지만 여기에서 우리는 다른 실험으로부터 상속하고 있음을 상기하자. 따라서 이름을 inherit_from 혹은 inherit_from_experiment_id로 향상시킬 수 있다.

일반적으로 copy_experiment나 inherit_from_experiment_id가 실제로 일어나는 일을 잘 설명해주고 오해를 불러일으킬 소지가 적으므로 가장 좋은 이름이다.

요약

언제나 의미가 오해되지 않는 이름이 최선의 이름이다. 여러분이 작성한 코드를 읽는 사람은 그 이름을 다른 뜻이 아닌 여러분이 원래 의도했던 대로 이해해야 한다. 하지만 불행하게도 영어에는 filter, length, limit처럼 프로그래밍에 사용하기에는 의미가 모호한 단어가 많다.

어떤 이름을 정하기 전에 항상 최악의 경우를 가정하고 이름의 의미가 잘못 이해되는 가능성을 고려해봐야 한다. 최선의 이름은 이러한 오해가 쉽게 일어나지 않는다.

어떤 값의 상한과 하한을 정할 때 max_와 min_을 이름 앞에 붙이면 좋은 접두사 역할을 한다. 경계를 포함한다면 first와 last가 좋은 이름이다. 경계의 시작만 포함하고 마지막은 배제하는 범위라면, begin과 end가 가장 널리 사용되는 이름이므로 최선이다.

불리언값 이름을 정할 때는 불리언이라는 사실을 명확히 드러내기 위해서 is나 has와 같은 단어를 사용한다. disable_ssl처럼 의미를 부정하는 단어는 피하는 게 좋다.

사람들이 특정한 단어를 일반적으로 생각하는 사실에 유의할 필요도 있다. 예를 들어 사람들은 get() 혹은 size()와 같은 함수가 가벼운 메소드라고 기대할지도 모른다.

4
미학

잡지를 디자인하려면 문단의 길이, 글자의 폭, 기사의 순서, 표지 디자인 등에 많은 노력이 든다. 좋은 잡지는 페이지를 쭉 넘기면서 훑어보기에도 좋고, 처음부터 한 장씩 꼼꼼히 읽기에도 좋다.

좋은 소스코드는 '눈을 편하게' 해야 한다. 우리는 이번 장에서 빈칸, 정렬, 코드의 순서를 이용하여 읽기 편한 소스코드를 작성하는 방법을 살펴볼 것이다.

특히 다음과 같은 세 가지 원리가 이용된다.

- 코드를 읽는 사람이 이미 친숙한, 일관성 있는 레이아웃을 사용하라.
- 비슷한 코드는 서로 비슷해 보이게 만들어라.
- 서로 연관된 코드는 하나의 블록으로 묶어라.

미학 대 설계 AESTHETICS VS DESIGN

이 장에서는 여러분이 스스로 코드에 적용할 수 있는 간단한 '미학적' 개선만 이야기할 것이다. 이러한 수정은 적용이 쉬우면서도 가독성을 상당히 향상시킨다. 한편 새로운 함수나 클래스를 만드는 것처럼 범위가 더 넓은 리팩토링으로 더 많은 개선을 기대할 수도 있다. 우리가 보기에 미학과 리팩토링 같은 코드의 설계는 서로 독립된 아이디어에 해당한다. 두 가지를 동시에 추구하는 것이 가장 이상적이다.

미학이 무슨 상관인가?

아래 클래스를 사용해야 한다고 생각해보자.

```
class StatsKeeper {
public:
// 일련의 더블 변수값을 저장하는 클래스
   void Add(double d); // 그리고 그런 값들에 대한 간단한 통계를 계산하는 메소드
  private: int count; /* 지금까지 몇 개가 저장되었는가
*/ public:
        double Average();

private: double minimum;
list<double>
  past_items
     ; double maximum;
};
```

다음 코드보다 위 코드를 이해하는 데 시간이 오래 걸릴 것이다.

```
// 일련의 더블 변수값을 저장하는 클래스
// 그리고 그런 값들에 대한 간단한 통계를 계산하는 메소드
  class StatsKeeper {
    public:
       void Add(double d);
       double Average();

    private:
       list<double> past_items;
       int count; // 지금까지 몇 개가 저장되었는가

       double minimum;
       double maximum;
};
```

미학적으로 보기 좋은 코드가 사용하기 더 편리하다는 사실은 명백하다. 잘 생각해보면 여러분이 보내는 시간 대부분은 코드를 그저 바라보는 데 소요된다! 코드를 훑어보는 데 걸리는 시간이 적을수록, 사람들은 코드를 더 쉽게 사용할 수 있다.

일관성과 간결성을 위해서 줄 바꿈을 재정렬하기

다양한 네트워크 연결 속도에 따라서 프로그램 수행동작이 달라지는 방식을 측정하는 자바 코드를 작성한다고 하자. 생성자에 파라미터 네 개를 받아들이는 TcpConnectionSimulator 클래스가 있다.

1 연결 속도 (Kbps)

2 평균 대기시간^{average latency} (ms)

3 대기시간의 '흔들림^{jitter}' (ms)

4 패킷 손실 (percentage)

이 코드는 다음과 같은 서로 다른 세 개의 TcpConnectionSimulator가 필요하다.

```java
public class PerformanceTester {
    public static final TcpConnectionSimulator wifi = new TcpConnectionSimulator(
        500, /* Kbps */
        80, /* millisecs 대기시간 */
        200, /* 흔들림 */
        1 /* 패킷 손실 % */);

    public static final TcpConnectionSimulator t3_fiber =
        new TcpConnectionSimulator(
            45000, /* Kbps */
            10, /* millisecs 대기시간 */
            0, /* 흔들림 */
            0 /* 패킷 손실 % */);

    public static final TcpConnectionSimulator cell = new TcpConnectionSimulator(
        100, /* Kbps */
        400, /* millisecs 대기시간 */
        250, /* 흔들림 */
        5 /* 패킷 손실 % */);
}
```

이 예제는 코드가 줄당 80글자를 넘으면 안 된다는 제한조건을 충족하려고 많은 줄 바꿈을 했다. 여러분 회사의 코딩표준에 이런 제한조건이 있다고 가정하자. 줄 바꿈은 불행하게도 t3_fiber 코드가 주변 코드와 달라 보이게 한다. t3_fiber 실루엣이 이상하게 보여 불필요한 주목을 받는다. 이는 "비슷한 코드는 비슷하게 보여야 한다"는 원리에 위배되는 사례다.

우리는 추가적인 줄 바꿈을 도입하여 코드를 일관성 있게 할 수 있다(그리고 주석의 들여쓰기 위치도 맞추자).

```java
public class PerformanceTester {
    public static final TcpConnectionSimulator wifi =
        new TcpConnectionSimulator(
            500, /* Kbps */
            80,  /* millisecs 대기시간 */
            200, /* 흔들림 */
            1 /* 패킷 손실 % */);

    public static final TcpConnectionSimulator t3_fiber =
        new TcpConnectionSimulator(
            45000, /* Kbps */
            10, /* millisecs 대기시간 */
            0,  /* 흔들림 */
            0   /* 패킷 손실 % */);

    public static final TcpConnectionSimulator cell =
        new TcpConnectionSimulator(
            100, /* Kbps */
            400, /* millisecs 대기시간 */
            250, /* 흔들림 */
            5 /* 패킷 손실 % */);
}
```

이 코드는 일관성 있는 패턴을 가지므로 훑어보기 용이하다. 하지만 수직방향으로 너무 많은 빈칸을 사용하는 점이 마음에 걸린다. 그리고 똑같은 주석도 세 번씩 반복하고 있다.

다음은 같은 클래스의 내용을 좀 더 간결하게 작성한 것이다.

```java
public class PerformanceTester {
    // TcpConnectionSimulator   (처리량,   지연속도,  흔들림, 패킷_손실)
    //                          [Kbps]    [ms]    [ms] [percent]

    public static final TcpConnectionSimulator wifi =
        new TcpConnectionSimulator(500,    80,     200,    1);
```

```
    public static final TcpConnectionSimulator t3_fiber =
        new TcpConnectionSimulator(45000,  10,    0,     0);

    public static final TcpConnectionSimulator cell =
        new TcpConnectionSimulator(100,    400,   250,   5);
}
```

주석을 맨 위로 올리고 모든 파라미터를 한 줄에 놓았다. 주석이 숫자의 바로 옆에 놓여 있지는 않지만, '데이터' 자체가 더 간결한 테이블 구조에서 설명되고 있다.

메소드를 활용하여 불규칙성을 정리하라

다음과 같은 함수를 제공하는 개인적인 데이터베이스가 있다고 하자.

```
// 'Doug Adams'처럼 간단하게 쓰인 partial_name을 "Mr. Douglas Adams"로 바꾼다.
// 그게 가능하지 않으면, 이유와 함께 'error'가 채워진다.
string ExpandFullName(DatabaseConnection dc, string partial_name, string* error);
```

그리고 이 함수가 다음과 같은 일련의 코드를 이용해서 테스트된다고 하자.

```
DatabaseConnection database_connection;
string error;
assert(ExpandFullName(database_connection, "Doug Adams", &error)
    == "Mr. Douglas Adams");
assert(error == "");
assert(ExpandFullName(database_connection, " Jake Brown ", &error)
    == "Mr. Jacob Brown III");
assert(error == "");
assert(ExpandFullName(database_connection, "No Such Guy", &error) == "");
assert(error == "no match found");
assert(ExpandFullName(database_connection, "John", &error) == "");
assert(error == "more than one result");
```

이 코드는 미학적으로 만족스럽지 않다. 어떤 줄은 너무 길어서 다음 줄까지 이어진다. 또한, 아름답지 않고 일관성 있는 패턴도 결여되었다.

하지만 이 경우에는 코드의 가독성이 줄 바꿈 정도로는 별로 향상되지 않는다. "assert

(ExpandFullName(database_connection...,"과 같은 문자열이 반복되고, 줄 사이에 'error'가 나타나는 점이 더 큰 문제이기 때문이다. 이 코드를 제대로 향상시키려면, 코드를 다음과 같이 보이게 하는 헬퍼 메소드가 필요하다.

```
CheckFullName("Doug Adams", "Mr. Douglas Adams", "");
CheckFullName(" Jake Brown ", "Mr. Jake Brown III", "");
CheckFullName("No Such Guy", "", "no match found");
CheckFullName("John", "", "more than one result");
```

이제 각각 서로 다른 파라미터를 사용하는 네 개의 테스트가 실행된다는 사실이 명확해졌다. 물론 모든 '지저분한 일'은 CheckFullName() 안으로 옮겨지긴 했지만, 이 함수의 모습도 그렇게 나쁘지는 않다.

```
void CheckFullName(string partial_name,
                   string expected_full_name,
                   string expected_error) {
  // database_connection은 이제 클래스 멤버다.
  string error;
  string full_name = ExpandFullName(database_connection, partial_name, &error);
  assert(error == expected_error);
  assert(full_name == expected_full_name);
}
```

우리는 코드가 미학적으로 더 개선되는 걸 의도했지만, 이러한 수정에는 다음과 같이 원래 의도하지 않았던 장점도 있다.

- 중복된 코드를 없애서 코드를 더 간결하게 한다.
- 이름이나 에러 문자열 같은 테스트의 중요 부분들이 한 눈에 보이게 모아졌다. 수정 전에는 database_connection이나 error 같은 토큰들과 섞인 채 흩어져 있었기 때문에 코드를 한 눈에 파악하기 어려웠다.
- 새로운 테스트 추가가 훨씬 쉬워졌다.

코드를 '보기 예쁘게' 만드는 작업은 표면적인 개선 이상의 결과를 가져온다는 게 핵심이다. 즉, 코드의 구조 자체를 개선시킨다.

도움이 된다면 코드의 열을 맞춰라

직선으로 뻗은 끝선과 열은 텍스트를 쉽게 훑어보게 한다.

경우에 따라서 '열 정렬$^{column\ alignment}$'로 코드를 더 읽기 쉽게 할 수도 있다. 예를 들어 앞 절에서 본 코드에 빈칸을 더 추가해서 CheckFullName()의 시작 열이 딱 맞게 할 수 있다.

```
CheckFullName():

    CheckFullName("Doug Adams ", "Mr. Douglas Adams ", "");
    CheckFullName(" Jake Brown", "Mr. Jake Brown III", "");
    CheckFullName("No Such Guy", ""                   , "no match found");
    CheckFullName("John       ", ""                   , "more than one result");
```

이렇게 하면 CheckFullName()에 주어지는 두 번째와 세 번째 파라미터가 무엇인지 더 쉽게 구별할 수 있다.

다음은 많은 변수가 정의된 간단한 예다.

```
# POST 파라미터를 지역변수에 저장한다.
details  = request.POST.get('details')
location = request.POST.get('location')
phone    = equest.POST.get('phone')
email    = request.POST.get('email')
url      = request.POST.get('url')
```

눈치 채겠지만, 세 번째 줄을 보면 request가 아니라 equest라는 잘못된 변수명을 사용하고 있다. 코드의 열이 잘 맞으면 이와 같은 종류의 버그가 금방 눈에 들어온다.

wget 코드베이스 안에는 100개가 넘는 명령행용 명령어가 다음과 같이 나열되어 있다.

```
commands[] = {
    ...
    { "timeout",      NULL,               cmd_spec_timeout },
    { "timestamping", &opt.timestamping,  cmd_boolean },
    { "tries",        &opt.ntry,          cmd_number_inf },
```

```
        { "useproxy",      &opt.use_proxy,    cmd_boolean },
        { "useragent",     NULL,              cmd_spec_useragent },
        ...
    };
```

이렇게 하면 명령어를 찾아 열에서 열로 이동하기가 매우 쉽다.

반드시 열 정렬을 사용해야 하는가?

열의 끝선은 쉽게 훑어볼 수 있는 '시각적 손잡이'를 제공한다. 이는 '비슷한 코드는 비슷하게 보여야 한다'는 원리에 해당하는 좋은 예다.

하지만 어떤 프로그래머는 열 정렬을 좋아하지 않는다. 열을 정렬하려면 노력이 필요하기 때문이다. 또 다른 이유는 이렇게 수정해서 'diff'를 수행하면 필요 이상으로 광범위한 결과가 보고되기 때문이다. 예컨대 한 줄을 바꾸려는 수정이 (대부분 빈 칸의 정렬 때문에) 다섯 줄에 해당하는 수정을 낳을 수 있는 것이다.

하지만 이러한 정렬을 일단 시도해보라는 것이다. 우리가 경험한 바에 의하면 이런 정렬을 수행하는 일이 프로그래머들이 두려워할 정도로 어렵지는 않기 때문이다. 정 불편하다 느껴지면 그때 그만둬도 상관없다.

의미 있는 순서를 선택하고 일관성 있게 사용하라

코드의 순서가 코드의 정확성에 아무런 영향을 미치지 않는 경우가 많다. 예를 들어 다음과 같은 변수 다섯 개는 어떤 순서로 정의되어도 상관이 없다.

```
details   = request.POST.get('details')
location  = request.POST.get('location')
phone     = request.POST.get('phone')
email     = request.POST.get('email')
url       = request.POST.get('url')
```

이런 경우에는 임의의 순서가 아니라, 의미 있는 순서로 나열하는 편이 낫다. 다음은 이러한 과정에 도움이 될 만한 사실이다.

- 변수의 순서를 HTML 폼에 있는 〈input〉 필드의 순서대로 나열하라.

- '가장 중요한 것'에서 시작해서 '가장 덜 중요한 것'까지 순서대로 나열하라.
- 알파벳 순서대로 나열하라.

어떤 순서를 사용하든 코드 전반에 걸쳐서 일관된 방식으로 나열해야 한다. 다른 곳에서 순서를 바꾸면 혼동을 초래한다.

```
if details:  rec.details  = details
if phone:    rec.phone    = phone      # 이것봐, 'location'은 어디로 갔지?
if email:    rec.email    = email
if url:      rec.url      = url
if location: rec.location = location   # 'location'이 왜 여기에 있어?
```

선언문을 블록으로 구성하라

우리의 뇌는 자연스럽게 그룹과 계층구조를 따라서 동작하므로, 코드를 이런 방식으로 조직하면 코드를 읽는 데 도움을 준다.

예를 들어 다음 코드는 클라이언트에게 서비스를 제공하도록 전면에 배치된 서버를 위한 C++ 클래스의 메소드 선언문을 포함한다.

```cpp
class FrontendServer {
  public:
    FrontendServer();
    void ViewProfile(HttpRequest* request);
    void OpenDatabase(string location, string user);
    void SaveProfile(HttpRequest* request);
    string ExtractQueryParam(HttpRequest* request, string param);
    void ReplyOK(HttpRequest* request, string html);
    void FindFriends(HttpRequest* request);
    void ReplyNotFound(HttpRequest* request, string error);
    void CloseDatabase(string location);
    ~FrontendServer();
};
```

이 코드는 그렇게 끔찍하지는 않지만, 코드를 읽는 사람이 메소드 전체를 쉽게 파악하도록 전체적인 레이아웃이 구성되지는 않았다. 메소드 전체를 하나의 그룹으로 묶는 대신, 아래와 같이 논리적 영역에 따라서 여러 개의 그룹으로 나누면 더 좋을 것이다.

```cpp
class FrontendServer {
  public:
    FrontendServer();
    ~FrontendServer();

    // 핸들러들
    void ViewProfile(HttpRequest* request);
    void SaveProfile(HttpRequest* request);
    void FindFriends(HttpRequest* request);

    // 질의/응답 유틸리티
    string ExtractQueryParam(HttpRequest* request, string param);
    void ReplyOK(HttpRequest* request, string html);
    void ReplyNotFound(HttpRequest* request, string error);

    // 데이터베이스 헬퍼들
    void OpenDatabase(string location, string user);
    void CloseDatabase(string location);
};
```

이 버전이 더 이해하기 쉽다. 코드를 구성하는 줄 수는 늘어났지만 더 읽기 쉽기 때문이다. 네 개의 큰 섹션을 개략적으로 확인한 다음, 필요하면 각 섹션의 자세한 내용을 살펴볼 수 있다.

코드를 '문단'으로 쪼개라

일반 텍스트가 여러 개의 문단^{Paragraphs}으로 나뉘어진 데에는 이유가 있다.

- 비슷한 생각을 하나로 묶어서, 성격이 다른 생각과 구분한다.
- 문단은 '시각적 디딤돌' 역할을 수행한다. 문단이 없으면 하나의 페이지 안에서 읽던 부분을 놓치기 쉽다.
- 하나의 문단에서 다른 문단으로의 전진을 촉진시킨다.

이 같은 이유로 코드를 여러 '문단'으로 분할할 필요가 있다. 예를 들어 다음과 같이 하나의 거대한 덩어리 코드를 읽기 좋아하는 사람은 없다.

```
# 사용자 친구들의 이메일 주소를 읽어 들여 시스템에 존재하는 사용자와 매치시킨다.
# 그 다음 해당 사용자와 이미 친구인 사람들의 리스트를 나타낸다.
def suggest_new_friends(user, email_password):
    friends = user.friends()
    friend_emails = set(f.email for f in friends)
    contacts = import_contacts(user.email, email_password)
    contact_emails = set(c.email for c in contacts)
    non_friend_emails = contact_emails - friend_emails
    suggested_friends = User.objects.select(email__in=non_friend_emails)
    display['user'] = user
    display['friends'] = friends
    display['suggested_friends'] = suggested_friends
    return render("suggested_friends.html", display)
```

뚜렷하게 드러나지는 않지만, 이 함수는 구별되는 여러 단계를 거친다. 따라서 그러한 줄을 여러 문단으로 나누면 확실히 도움이 된다.

```
def suggest_new_friends(user, email_password):
    # 사용자 친구들의 이메일 주소를 읽는다.
    friends = user.friends()
    friend_emails = set(f.email for f in friends)

    # 이 사용자의 이메일 계정으로부터 모든 이메일 주소를 읽어들인다.
    contacts = import_contacts(user.email, email_password)
    contact_emails = set(c.email for c in contacts)

    # 아직 친구가 아닌 사용자들을 찾는다.
    non_friend_emails = contact_emails - friend_emails
    suggested_friends = User.objects.select(email__in=non_friend_emails)

    # 사용자 리스트를 화면에 출력한다.
    display['user'] = user
    display['friends'] = friends
    display['suggested_friends'] = suggested_friends

    return render("suggested_friends.html", display)
```

각 문단의 주석 처리를 확인하라. 이는 사용자가 코드를 훑어보는 데 도움을 준다(89페이지 '무엇, 왜, 어떻게 중에서 어느 것을 설명해야 하는가?'를 보라).

코드를 여러 문단으로 나누는 방법은 일반적인 텍스트와 마찬가지로 다양하다. 긴 문단과 짧은 문단 중에서 어느 쪽을 선호하는지는 개인 편차가 있다.

개인적인 스타일 대 일관성

미학적 선택 중에는 기본적으로 개인적 스타일의 문제로 귀결되는 사안이 있다. 예를 들어 블록을 여는 괄호를 어디에 놓는가 하는 경우가 그렇다.

```
class Logger {
    ...
};
```

혹은

```
class Logger
{
    ...
};
```

두 가지 스타일 중에서 어느 하나를 선택한다고 가독성에 실질적인 영향을 주지는 않는다. 하지만 두 스타일이 뒤섞이면 가독성에 영향을 준다.

우리가 했던 프로젝트 중에, 우리 기준에서는 '잘못된' 스타일을 사용하는 경우도 많았지만, 일관성 유지가 훨씬 더 중요했으므로 해당 프로젝트의 스타일을 따랐다.

핵심 아이디어 **일관성 있는 스타일은 '올바른' 스타일보다 더 중요하다.**

요약

누구나 미학적으로 보기 좋은 코드를 읽고 싶어 한다. 자신의 코드를 일관성 있게, 의미 있는 방식으로 '정렬'하여, 읽기 더 편하고 빠르게 만들 수 있다.

우리가 논의한 개별적인 테크닉은 다음과 같다.

- 여러 블록에 담긴 코드가 모두 비슷한 일을 수행하면, 실루엣이 동일해 보이게 만들어라.
- 코드 곳곳을 '열'로 만들어서 줄을 맞추면 코드를 한 눈에 훑어보기 편하다.
- 코드의 한 곳에서 A, B, C가 이 순서대로 언급되고 있으면, 다른 곳에서 B, C, A와 같은 식으로 언급하지 말라. 의미 있는 순서를 정하여 모든 곳에서 그 순서를 지켜라.
- 빈 줄을 이용하여 커다란 블록을 논리적인 '문단'으로 나누어라.

설명서

필요하다!!   필요 없다!!

5
주석에 담아야 하는 대상

이 장은 주석에 담아야 하는 내용이 무엇인지를 알려준다. 여러분은 주석의 목적이 "코드가 무엇을 수행하는지만 설명하면 되는 거 아냐?"라고 여길지도 모른다. 하지만 이는 빙산의 일각에 불과하다.

핵심 아이디어   **주석의 목적은 코드를 읽는 사람이 코드를 작성한 사람만큼 코드를 잘 이해하게 돕는 데 있다.**

코드를 작성할 때, 여러분의 머릿속에는 많은 귀중한 정보가 있다. 다른 사람이 그 코드를 읽으면 그러한 정보는 사라진다. 그들이 가진 정보라곤 눈앞에 있는 코드뿐이다.

이 장에서는 머릿속에 있는 정보 중 어떤 정보를 언제 적어야 하는지 보여줄 것이다. 주석과 관련된 논의되는 내용은 생략했다. 그 대신 자주 '무시'되지만 주석에 관련한 더 흥미로운 측면에 초점을 맞추었다.

이번 장은 다음 내용을 담고 있다.

- 설명하지 말아야 하는 것.
- 코딩을 수행하면서 머릿속에 있는 정보를 기록하기.
- 코드를 읽는 사람의 입장에서 필요한 정보가 무엇인지 유추하기.

설명하지 말아야 하는 것

주석을 읽는 것은 실제 코드를 읽는 시간을 갉아먹고 주석은 화면의 일정한 부분을 차지한다. 즉 주석을 단다면 반드시 달아야 하는 이유도 있어야 한다. 그렇다면 무가치한 주석과 그렇지 않은 주석 사이의 경계를 어떻게 정할 수 있을까?

다음 코드에 있는 주석은 모두 가치가 없다.

```cpp
// 클래스 Account를 위한 정의
class Account {
  public:
    // 생성자
    Account();

    // profit에 새로운 값을 설정
    void SetProfit(double profit);

    // 이 어카운트의 profit을 반환
    double GetProfit();
};
```

이러한 주석은 새로운 정보를 제공하거나 코드를 읽는 사람이 코드를 더 잘 이해하도록 도와주지 않으므로 아무런 가치가 없다.

코드에서 빠르게 유추할 수 있는 내용은 주석으로 달지 말라.

위의 말에서 '빠르게'라는 형용사는 매우 중요한 차이를 만든다. 다음과 같은 파이썬 코드에 담긴 주석을 살펴보자.

```python
# 두 번째 '*' 뒤에 오는 내용을 모두 제거한다.
name = '*'.join(line.split('*')[:2])
```

기술적으로 보면, 이 주석에는 '새로운 정보'가 없다. 코드를 읽으면 무슨 일을 수행하는지 알 수 있기 때문이다. 하지만 대부분의 프로그래머는 코드가 아닌 주석을 읽고 코드가 수행하는 일을 훨씬 더 빠르게 이해한다.

설명 자체를 위한 설명을 달지 말라

일부 교수는 학생이 숙제를 할 때 작성한 모든 함수에 주석을 달 것을 요구한다. 이러한 관습 때문에 어떤 프로그래머는 코드를 작성할 때 함수에 주석을 달지 않으면 죄를

짓는 듯한 기분을 느끼게 되고, 그렇기 때문에 심지어 함수명을 마치 하나의 문장처럼 만들기도 한다.

```
// 주어진 이름과 깊이를 이용해서 서브트리[h1]에 있는 노드를 찾는다.
Node* FindNodeInSubtree(Node* subtree, string name, int depth);
```

이는 '무가치한 주석'의 범주에 속한다. 함수의 선언과 주석 내용이 실질적으로 일치하기 때문이다. 이 주석은 지우거나 개선해야 한다.

이 함수를 위한 주석을 달고 싶으면, 더 중요한 세부 사항을 적는 것이 낫다.

```
// 주어진 'name'으로 노드를 찾거나 아니면 NULL을 반환한다.
// 만약 depth <= 0이면 'subtree'만 검색된다.
// 만약 depth == N이면 N 레벨과 그 아래만 검색된다.
Node* FindNodeInSubtree(Node* subtree, string name, int depth);
```

나쁜 이름에 주석을 달지 마라 – 대신 이름을 고쳐라

나쁜 이름에 대한 변명을 주석이 할 이유는 없다. 다음은 언뜻 보기에 CleanReply() 라는 함수를 설명하는 것처럼 보이는 주석이다.

```
// 반환되는 항목의 수나 전체 바이트 수와 같이
// Request가 정하는 대로 Reply에 일정한 한계를 적용한다.
void CleanReply(Request request, Reply reply);
```

이 주석은 'clean'이 의미하는 바를 설명하려고 한다. 이렇게 하는 대신 "한계를 적용한다"는 부분을 애초에 함수명에 포함해야 한다.

```
// 'reply'가 count/byte/등과 같이 'request'가 정하는 한계조건을 만족시키도록 한다.
void EnforceLimitsFromRequest(Request request, Reply reply);
```

이 함수명은 전보다 더 '스스로 설명하는' 느낌이 강하다. 좋은 이름은 함수가 사용되는 모든 곳에서 드러나므로 좋은 주석보다 더 낫다.

다음은 이름이 좋지 못한 함수의 또 다른 예다.

```
// 해당 키를 위한 핸들을 놓아준다. 이 함수는 실제 레지스트리를 수정하지는 않는다.
void DeleteRegistry(RegistryKey* key);
```

DeleteRegistry()라는 함수명은 뭔가 위험한 일을 하는 것처럼 (레지스트리를 지운다고?!) 들린다. "이 함수는 실제 레지스트리를 수정하지는 않는다"라는 주석은 이러한 의심을 완화시키려고 작성되었다.

대신 이름 자체가 정확한 설명을 하는 편이 더 낫다.

```
void ReleaseRegistryHandle(RegistryKey* key);
```

일반적으로 사람들은 코드가 가진 나쁜 가독성을 메우려고 노력하는 '애쓰는 주석'을 원하지 않는다. 프로그래머들은 이러한 규칙을 대개 **좋은 코드 〉 나쁜 코드 + 좋은 주석**이라는 공식으로 설명한다.

생각을 기록하라

설명하지 말아야 하는 것을 살펴보았으므로, 이제 무엇을 설명해야 하는지 (종종 설명되지 않고 넘어가는 것을) 알아보도록 하자.

좋은 주석은 단순히 '자신의 생각을 기록하는 것'만으로도 탄생할 수 있다. 즉, 코딩할 때 생각했던 중요한 생각을 기록하면 된다.

'감독의 설명'을 포함하라

영화에는 종종 영화 제작자들이 자신의 통찰을 설명하고, 영화가 만들어진 과정을 관람객이 잘 이해하게 도와주는 '감독의 설명'을 담은 트랙이 있다. 이와 비슷한 방식으로 중요한 통찰을 기록한 주석을 코드에 포함시켜야 한다.

예를 살펴보자.

```
// 놀랍게도, 이 데이터에서 이진트리는 해시테이블보다 40% 정도 빠르다.
// 해시를 계산하는 비용이 좌/우 비교를 능가한다.
```

이 주석은 코드를 읽는 사람에게 코드를 최적화하느라 시간을 허비하지 않게 도와준다.

다음은 또 다른 예다.

// 이 주먹구구식 논리는 몇 가지 단어를 생략할 수 있다. 상관없다. 100% 해결은 쉽지 않다.

이 주석이 없으면 코드를 읽는 사람은 뭔가 버그가 있다고 생각하고 실패를 찾기 위한 테스트 케이스를 짜거나, 버그를 수정하는 데 시간을 허비할지도 모른다.

주석으로 코드가 왜 훌륭하지 않은지도 설명할 수 있다.

// 이 클래스는 점점 엉망이 되어가고 있다. 어쩌면 'ResourceNode' 하위클래스를
// 만들어서 정리해야 할지도 모르겠다.

이 주석은 코드가 엉망이라는 사실을 밝히고 다음 사람에게 어떻게 수정해야 하는지 알려준다. 만약 이 주석이 없으면 많은 사람이 이 코드에 겁을 먹어 건드리지 않으려고 할 것이다.

코드에 있는 결함을 설명하라

코드는 지속적으로 진화하며, 그러는 과정 중에 버그를 갖게 될 수밖에 없다. 이러한 결함을 설명하는 것을 부끄러워할 필요는 없다. 예를 들어 다음과 같이 개선이 필요할 때

// TODO: 더 빠른 알고리즘을 사용하라.

혹은 코드가 불완전할 때

// TODO(더스틴): JPEG말고 다른 이미지 포맷도 처리할 수 있어야 한다.

개선 아이디어를 설명하는 게 좋다.

이런 상황에 프로그래머 사이에서 널리 사용되는 표시가 몇 개 있다.

표시	보통의 의미
TODO:	아직 하지 않은 일
FIXME:	오동작을 일으킨다고 알려진 코드
HACK:	아름답지 않은 해결책
XXX:	위험! 여기 큰 문제가 있다

팀에 따라서 이러한 표시를 사용하는지, 사용한다면 언제 사용하는지 등이 다를 수 있다. 예를 들어 팀 내 약속에 따라 TODO:는 반드시 해결해야 하는 중요 문제에만 사용할 수도 있다. 그렇다면 중요하지 않은 문제는 (소문자) todo: 혹은 maybe-later:와 같은 표시를 사용할 수 있다.

여기에서 중요한 점은 작성하는 코드의 이러저러한 내용을 훗날 수정할 거라는 생각이 들면, 그러한 생각을 주석으로 작성하는 일은 당연하게 받아들여야 한다는 사실이다. 주석은 코드를 읽는 사람에게 코드의 질이나 상태 그리고 추후 개선 방법 등을 제시하여 소중한 통찰을 제공하기 때문이다.

상수에 대한 설명

상수를 정의할 때는 종종 그 상수가 무엇을 하는지, 그것이 왜 특정한 값을 갖게 되었는지 '사연'이 존재하기 마련이다. 예를 들면 코드에서 다음과 같은 상수를 만날 수 있다.

```
NUM_THREADS = 8
```

별도의 설명이 필요하지 않을 것처럼 보이지만, 이러한 상수값을 선택한 사람은 분명히 뭔가 더 많은 사실을 알고 있을 것이다.

```
NUM_THREADS = 8  # 이 상수값이 2 * num_processors보다 크거나 같으면 된다.
```

이제 이 코드를 읽는 사람은 상수값을 어떻게 변경해야 하는지 알게 되었다. 즉 이 값을 1로 하면 지나치게 적고, 50으로 하면 너무 크다는 사실을 알게 된 것이다.

혹은 상수의 특정한 값이 아무런 의미를 갖지 않는 경우도 있다. 이러한 사실을 알려주는 주석도 유용하다.

```
// 합리적인 한계를 설정하라 - 그렇게 많이 읽을 수 있는 사람은 어차피 없다.
const int MAX_RSS_SUBSCRIPTIONS = 1000;
```

상수값이 신중하게 설정되었으므로 변경하지 않는 게 더 좋은 경우도 있다.

```
image_quality = 0.72; // 사용자들은 0.72가 크기/해상도 대비 최선이라고 생각한다.
```

이러한 예를 보면서 여러분은 어쩌면 주석이 필요 없다고 생각했을 수도 있다. 하지만 이러한 주석은 모두 도움이 된다.

SECONDS_PER_DAY처럼 어떤 상수는 이름이 매우 명확하므로 주석이 필요없다. 하지만 우리의 경험에 따르면 대부분의 상수에 주석을 붙이면 의미가 더 뚜렷해진다. 이렇게 하면 상수에 어떤 값을 설정할 때 자기가 무슨 생각을 하고 있었는지를 밝히는 것으로 귀결된다.

코드를 읽는 사람의 입장이 되어라

이 책은 '**코드를 처음으로 읽는 외부인의 입장에 자기 자신을 놓는 기법**'을 다루고 있다. 외부인은 여러분의 프로젝트에 여러분만큼 친숙하지 않다. 이 기법은 주석에 들어갈 내용을 찾아낼 때 특히 유용하다.

나올 것 같은 질문 예측하기

미국 조폐국

죄송하지만, 공짜 샘플은 제공되지 않습니다.

관광여행

"더 이상 질문 없습니까?
표지판이 설명하지 않는 내용 중에서요."

여러분이 작성한 코드를 다른 누군가가 읽는다면 "아니, 이게 뭐 하는 코드야?"라고 생각하는 순간이 있기 마련이다. 여러분이 해야 하는 일은 바로 그런 부분에 주석을 다는 것이다.

예를 들어 Clear()의 정의가 있다고 하자.

```
struct Recorder {
    vector<float> data;
    ...
    void Clear() {
        vector<float>().swap(data); // 뭐? 그냥 data.clear()를 호출하지 않는 이유가 뭐지?
    }
};
```

C++ 프로그래머가 이 코드를 읽는다면 대부분이 data를 빈 벡터와 교체하는 대신 그 냥 data.clear()를 호출하지 않는 이유를 궁금해 할 것이다. 하지만 이것은 vector가 메모리 할당자에게 자신의 메모리를 실제로 반납하게 하는 유일한 방법이다. 이는 잘 알려지지 않은 C++ 언어 특유의 세부 사항이다. 이 코드에는 다음과 같은 주석이 있 어야 했다.

```
// 벡터가 메모리를 반납하도록 강제한다("STL swap trick"을 보라).
vector<float>().swap(data);
```

사람들이 쉽게 빠질 것 같은 함정을 경고하라

함수나 클래스 문서를 작성할 때 스스로에게 "내가 작성한 이 코드를 다른 사람이 읽으

면 깜짝 놀랄 만한 부분이 있나? 오용될 수도 있나?" 등의 좋은 질문을 던질 필요가 있다. 기본적으로 '앞질러 생각해서' 다른 사람들이 여러분의 코드를 사용하다가 만날지도 모르는 문제들을 미리 예측하는 것이다.

예를 들어 사용자에게 이메일을 보내는 함수를 작성했다고 해보자.

```
void SendEmail(string to, string subject, string body);
```

이 함수를 구현하려면 외부 이메일 서비스에 접속해야 하는데, 이 작업이 1초 이상 걸릴 수도 있다. 웹 애플리케이션을 작성하는 다른 사람이 이러한 사실을 모른 채 HTTP 질의를 처리하는 과정에서 이 함수를 호출할지도 모른다(설상가상으로 이메일 서비스가 다운되어 웹 애플리케이션마저 먹통이 될지도 모른다).

함수의 '세부 사항'을 설명하는 주석으로 이런 종류의 실수를 방지하는 게 좋다.

```
// 외부 서비스를 호출하여 이메일 서비스를 호출한다(1분 이후 타임아웃된다).
void SendEmail(string to, string subject, string body);
```

또 다른 예도 있다. 제대로 작성되지 않은 HTML에 닫기 태그^{closing tag}를 삽입하는 FixBrokenHtml() 함수가 있다고 하자.

```
def FixBrokenHtml(html): ...
```

이 함수는 대부분 정상적으로 동작한다. 하지만 겹겹으로 중첩되었는데 짝이 맞지 않는 태그가 있으면 엄청난 시간을 허비한다는 함정이 도사리고 있다. 엉망으로 작성된 HTML 함수는 동작하는 데 몇 분을 잡아 먹을 수 있기 때문이다.

사용자가 이러한 단점을 스스로 깨닫게 하기보다는 주석으로 미리 알려주는 게 좋다.

```
// 실행시간이 O(number_tags * average_tag_depth)이므로 엉망으로 중첩된 입력을
// 사용할 때는주의해야 한다.
def FixBrokenHtml(html): ...
```

'큰 그림'에 대한 주석

팀에 새롭게 합류한 사람들은 '큰 그림'을 이해하는 데 어려움을 겪는다. 클래스들이 어떻게 상호작용하고, 전체 시스템에서 데이터가 어떻게 흘러 다니고, 출발점이 어디 인지 등을 파악해야 한다. 시스템을 설계하는 사람은 시스템의 구석구석이 모두 자연 스럽게 느껴지므로 종종 주석을 달아 내용을 설명해야 한다는 사실을 망각한다.

다음과 같은 상황을 상정해보자. **팀에 새로운 사람이 합류했는데, 그녀는 여러분 옆 자리에 앉아 있고, 여러분은 그녀가 팀의 코드베이스에 익숙해지게 도와 주어야 한다.**

여러분은 그녀에게 코드베이스를 개략적으로 보여주면서 특정 클래스나 파일을 가리 키고 이렇게 말할지도 모른다.

- "비즈니스 로직과 데이터베이스를 연결해주는 코드입니다. 애플리케이션 코드에서는 직접 이용하면 안됩니다"
- "이 클래스는 복잡하게 보이지만, 사실 스마트 캐시에 불과합니다. 시스템의 다른 부분은 전혀 모르는 코드에요"

수 분 동안의 자연스러운 대화를 나눈 다음에 그녀는 혼자 소스코드를 읽으면서 시스 템의 더 많은 내용을 알게 될 것이다.

앞서 설명한 말은 바로 상위수준$^{high-level}$ 주석에 포함되어야 하는 내용이다.

다음은 파일수준^{file-level} 주석에 있어야 하는 설명의 예다.

```
// 파일시스템에 편리한 인터페이스를 제공하는 헬퍼 함수들을 담고 있다.
// 파일의 퍼미션과 다른 자세한 세부 사항을 처리한다.
```

상세하고 공식적인 문서를 작성해야 한다는 생각에 압도당하지 말라. 잘 선택된 몇몇 문장이 아무것도 없는 것보다는 훨씬 나은 법이다.

요약 주석

심지어 함수 내부에서 '큰 그림'을 설명하는 방식도 좋다. 다음은 더 하위수준^{low-level} 코드의 내용을 간결하게 요약하는 주석의 예다.

```
# 고객이 자신을 위해서 구입한 항목을 모두 찾는다.
for customer_id in all_customers:
    for sale in all_sales[customer_id].sales:
        if sale.recipient == customer_id:
            ...
```

위 예제에서 주석이 없는 상태에서 코드를 한 줄씩 읽는 건 미스터리물을 읽는 행위나 다름없다(all_customers를 순차적으로 반복하네! 근데 무엇을 위해서지?).

이러한 요약 주석은 몇몇 커다란 '덩어리'로 구성된 긴 함수에 특히 유용하다.

```
def GenerateUserReport():
    # 이 사용자를 위한 lock을 얻는다.
    ...
    # 데이터베이스에서 사용자의 정보를 읽는다.
    ...
    # 정보를 파일에 작성한다.
    ...
    # 사용자를 위한 lock을 되돌려 넣는다.
```

이러한 주석은 함수가 수행하는 기능의 글머리 요약 역할을 수행하므로, 코드를 읽는 사람은 자세한 내용을 읽기 전에 주석을 보고 요점을 파악할 수 있다(이러한 덩어리들이 쉽게 분리될 수 있다면 별도의 함수로 분리하는 방법을 고려할 수도 있다. 앞에서 이야기했다시피 좋은 코드는 나쁜 코드와 좋은 주석이 결합된 것보다 좋다).

마지막 고찰 – 글 쓰는 두려움을 떨쳐내라

많은 프로그래머가 주석 달기를 달가워하지 않는다. 좋은 주석을 창작하기 위해서 시간을 들이는 것을 아깝게 생각하기 때문이다. 이와 같은 '글 쓰는 두려움'이 길을 가로막는다면, 해결책은 그냥 쓰기 시작하는 것뿐이다. 따라서 앞으로 주석 달기를 주저하게 된다면 머릿속에 떠오르는 생각을, 심지어 다듬어지지 않은 생각이라고 해도 일단 쓰기 시작하라.

예를 들어 어느 함수를 작성하는데 "이런 제길, 이 리스트 안에 중복된 항목이 있으면 이건 복잡해지잖아"라고 생각을 했다면 그냥 그 말을 주석으로 작성하라.

```
// 이런 제길, 이 리스트 안에 중복된 항목이 있으면 이건 복잡해지잖아.
```

이게 어려운가? 더구나 이것은 그리 나쁜 주석도 아니다. 아무 것도 없는 것보다 당연히 더 낫다. 하지만 사용된 단어는 좀 모호하다. 이런 부분을 고치려면 설명을 하나씩 살펴보면서 더 구체적인 표현으로 바꾸면 된다.

* '이런 제길'은 '주의: 주의를 기울여야 할 내용'을 의미한다.
* '이건'이라는 표현은 '입력을 다루는 코드'를 의미한다.
* '복잡해지잖아'라는 표현은 '구현하기 어려워진다'를 의미한다.

그러면 이렇게 새 주석으로 다시 태어난다.

```
// 주의: 이 코드는 리스트 안에 있는 중복된 항목을 다루지 않는다. 그렇게 하는 것이 어렵기 때문이다.
```

주석을 작성하는 과정을 다음과 같이 아주 간단한 단계로 정리해봤다.

1 마음에 떠오르는 생각을 무조건 적어본다.

2 주석을 읽고 무엇이 개선되어야 하는지 (그런 부분이 있다면) 확인한다.

3 개선한다.

주석을 더 자주 달수록 1번 단계에서 떠오르는 생각의 질이 향상되어 궁극적으로는 수정할 필요가 없게 된다. 주석을 부지런히 자주 작성해야, 나중에 한꺼번에 많은 분량의 주석을 달아야 하는 유쾌하지 않은 상황을 피할 수도 있다.

요약

주석을 다는 목적은 코드를 작성하는 사람이 알고 있는 정보를 코드를 읽는 사람에게 전달하는 것이다. 이번 장에서는 여러분 코드에서 명확하게 드러나지 않는 내용이 무엇인지 파악하고 주석으로 처리하는 방법을 알아보았다.

설명하지 말아야 하는 것은 다음과 같다.

- 코드 자체에서 재빨리 도출될 수 있는 사실.
- 나쁜 함수명과 같이 나쁘게 작성된 코드를 보정하려고 '애쓰는 주석'. 그렇게 하는 대신 코드를 수정하라.

한편 기록해야 하는 생각은 다음과 같다.

- 코드가 특정한 방식으로 작성된 이유를 설명해주는 내용(감독의 설명)
- 코드에 담긴 결함. TODO: 혹은 XXX:와 같은 표시를 사용하라.
- 어떤 상수가 특정한 값을 갖게 된 '사연'.

또한 자신을 코드를 읽는 입장에 놓아볼 필요도 있다.

- 코드를 읽는 사람이 자기가 작성한 코드의 어느 부분을 보고 '뭐라고?'라는 생각을 할지 예측해보고, 그 부분에 주석을 추가하라.
- 평범한 사람이 예상하지 못할 특이한 동작을 기록하라.
- 파일이나 클래스 수준 주석에서 '큰 그림'을 설명하고 각 조각이 어떻게 맞춰지는지 설명하라.
- 코드에 블록별로 주석을 달아 세부 코드를 읽다가 나무만 보고 숲은 못 보는 실수를 저지르지 마라.

6

명확하고 간결한 주석 달기

앞 장에서는 주석이 무엇을 설명해야 하는지 살펴보았다. 이번 장에서는 주석을 어떻게 명확하고 간결하게 다는지 살펴볼 것이다. 주석은 명확하게, 최대한 구체적이고 자세하게 작성해야 한다. 반면 주석은 화면에서 추가적인 면적을 차지하고, 읽는 데 추가적인 시간을 요구하므로 간결해야 한다.

> **핵심 아이디어**   **주석은 높은 '정보 대 공간' 비율을 갖춰야 한다.**

이 장의 나머지 부분은 '정보 대 공간' 비율을 갖추는 법을 살펴볼 것이다.

주석을 간결하게 하라

다음은 C++ 타입 정의^type definition^에 대한 주석의 또 다른 예다.

```
// int는 CategoryType이다.
// 내부 페어의 첫 번째 float는 'score'다.
// 두 번째는 'weight'다.
typedef hash_map<int, pair<float, float> > ScoreMap;
```

위의 예제의 주석은 한 줄이면 충분한데 무엇 때문에 세 줄이나 허비하는가?

```
// CategoryType -> (score, weight)
typedef hash_map<int, pair<float, float> > ScoreMap;
```

주석이 세 줄 필요할 때도 있지만 적어도 이 경우는 아니다.

모호한 대명사는 피하라

고전적인 코미디극인 '누가 1루에 있지?'[1]에서처럼 대명사는 상황을 매우 혼란스럽게 할 수 있다.

---

1 역자주_Who's on First?'는 이름과 대명사를 혼란스럽게 뒤섞어서 진행하는 미국의 코미디쇼다. 예를 들어 야구 선수 이름이 후^who^라면 'Who's on First?'는 "누가 1루수이지?"라는 질문과 "후가 1루수인가?"로 해석될 수 있다.

코드를 읽는 사람이 대명사를 '해석'하려면 추가적인 노력이 필요하다. 때로는 'it'이나 'this'가 가리키는 것이 무엇인지 불분명할 때도 있다. 다음은 그러한 예이다.

```
// Insert the data into the cache, but check if it's too big first.
// 데이터를 캐시에 넣어라. 하지만 그것이 너무 큰지 먼저 확인하라.
```

이 주석에서 'it'은 데이터를 가리킬 수도 있고 캐시를 가리킬 수도 있다. 코드의 나머지 부분을 읽어야 비로소 어느 것이 정확한지 알 수 있을 것이다. 하지만 이러한 노력을 기울여야 한다면, 주석이 있어야 하는 이유가 무엇인가?

가장 안전한 방법은 혼동의 여지가 조금이라도 있으면 대명사를 원래 명사로 대체하는 것이다. 앞의 예에서 'it'이 'the data'를 가리킨다고 해보자.

```
// Insert the data into the cache, but check if the data is too big first.
// 데이터를 캐시에 넣어라. 하지만 데이터가 너무 큰지 먼저 확인하라.
```

이렇게 하는 것은 매우 간단하다. 또한 'it'을 완전히 명확하게 하기 위해서 문장을 고칠 수도 있다.

```
// If the data is small enough, insert it into the cache.
// 데이터가 충분히 작으면, 이를 캐시에 넣어라.
```

엉터리 문장을 다듬어라

주석을 명확하게 하는 작업과 간결하게 하는 작업은 대부분 한번에 이루어진다. 다음은 웹크롤러의 예다.

```
# 이 URL을 전에 이미 방문했는지에 따라서 다른 우선순위를 부여한다.
```

이 문장은 어느 정도 괜찮지만, 다음 문장과 비교해보자.

```
# 전에 방문하지 않은 URL에 높은 우선순위를 부여하라.
```

아래 문장이 더 간단하고, 짧고, 직접적이다. 또한, 아직 방문하지 않은 URL에 높은 우선순위가 부여된다는 사실까지 설명하고 있다. 앞의 문장은 이러한 정보를 담아내지 못한다.

함수의 동작을 명확하게 설명하라

파일에 담긴 줄 수를 세는 함수를 다음과 같이 작성했다고 해보자.

```
// 이 파일에 담긴 줄 수를 반환한다.
int CountLines(string filename) { ... }
```

이 주석은 그다지 명확하지 않다. '줄'을 정의하는 방법은 여러 가지이기 때문이다. 여기 생각해볼 만한 다양한 예가 있다.

- " "(빈 파일)은 줄 수가 0인가 1인가?
- "hello"는 줄 수가 0인가 1인가?
- "hello\n"은 줄 수가 1인가 2인가?
- "hello\n world"는 줄 수가 1인가 2인가?
- "hello\n\r cruel\n world\r"은 줄 수가 2, 3, 4 중 어느 것인가?

가장 간단한 구현은 단순히 개행문자(\n)를 세는 것이다(유닉스의 wc 명령어는 이런 방식으로 동작한다). 이러한 구현에는 다음과 같은 주석이 어울린다.

```
// 파일 안에 새 줄을 나타내는 바이트('\n')가 몇 개 있는지 센다.
int CountLines(string filename) { ... }
```

이 주석은 이전 주석에 비해 그리 길어지지는 않았지만 훨씬 더 많은 정보를 담는다. 이는 코드를 읽는 사람에게 만약 개행문자가 없으면 0이 반환될 거라는 사실을 알려준다. 그리고 캐리지 복귀문자(\r)는 무시될 거라는 사실도 말해준다.

구체적인 용법을 설명해주는 입/출력 예를 사용하라

주석을 작성하는 데 신중하게 선택된 입/출력 예는 천 마디 말보다 위력적이다. 예를 들어 문자열의 일부를 제거하는 평범한 함수가 있다고 하자.

```
// 입력된 'src'의 'chars'라는 접두사와 접미사를 제거한다.
String Strip(String src, String chars) { ... }
```

이 주석은 다음과 같은 질문에 답하지 않으므로 명확하지 않다.

- chars가 제거되어야 하는 정확한 부분 문자열을 의미하는가 아니면 특정한 순서가 정해지지 않은 문자의 집합을 의미하는가?
- src의 끝에 chars가 여러 번 있으면 어떻게 되는가?

이러한 주석에 비해서 잘 선택된 입출력 예는 위 질문의 대답을 제공한다.

```
// ...
// 예: Strip("abba/a/ba", "ab")은 "/a/"를 반환한다.
String Strip(String src, String chars) { ... }
```

이 예는 Strip()의 기능 전체를 보여준다. 위에서 제기된 질문에 대답하지 않는, 지나치게 간단한 입출력 예는 별로 유용하지 않다는 점에 유의하라.

```
// 예: Strip("ab", "a")은 "b"를 반환한다.
```

다음은 설명을 이런 식으로 활용하는 함수의 또 다른 예다.

```
// pivot보다 작은 요소가 pivot과 크거나 같은 요소들보다 앞에 오도록 'v'를 재배열한다.
// 그 다음 v[i] < pivot을 만족시키는 것 중에서 가장 큰 'i'를 (혹은 pivot보다 작은 것이
// 없으면 -1을) 반환한다.
int Partition(vector<int>* v, int pivot);
```

이 주석은 사실 대단히 명확하지만, 시각적으로 다소 혼란스럽다. 다음은 함수의 내용을 더 잘 설명해주는 입출력 예다.

```
// ...
// 예: Partition([8 5 9 8 2], 8)은 [5 2 ¦ 8 9 8]를 만들고 1을 반환할 것이다.
int Partition(vector<int>* v, int pivot);
```

이번 예는 입/출력을 보여주는데 몇 군데 짚고 넘어갈 부분이 있다.

- 벡터 안에 존재하는 값을 pivot으로 사용하여 경계가 분할되는 방식을 설명한다.

- 벡터가 중복된 값을 허용한다는 사실을 보여주기 위해서 중복된 값(8)을 포함시켰다.

- 결과값을 담은 벡터를 일부러 정렬하지 않았다. 만약 정렬하면 혼동을 초래할 것이다.

- 반환된 값이 1이므로, 벡터에 1이 포함되지 않게 했다. 1이 포함되면 혼동을 초래할 것이다.

코드의 의도를 명시하라

앞 장에서 말한 바와 같이, 주석 달기는 코드를 작성하면서 생각했던 바를 나중에 코드를 읽는 사람에게 전달해주는 것이다. 하지만 불행하게도 대다수의 주석은 새로운 정보 없이 그냥 코드가 수행하는 동작을 문자 그대로 설명하는 데 그친다.

다음은 이와 같은 대표적인 예이다.

```
void DisplayProducts(list<Product> products) {
    products.sort(CompareProductByPrice);

    // 리스트를 역순으로 반복한다.
    for (list<Product>::reverse_iterator it = products.rbegin(); it != products.rend();++it)
        DisplayPrice(it->price);
    ...
}
```

이 주석은 바로 아래에 있는 코드의 묘사만 전달할 뿐이다. 대신 더 좋은 주석을 생각해보자.

```
// 각 가격을 높은 값에서 낮은 값 순으로 나타낸다.
for (list<Product>::reverse_iterator it = products.rbegin(); ... )
```

이 주석은 프로그램이 수행하는 동작을 높은 수준에서 설명한다. 프로그래머가 코드를 작성하는 동안 생각했던 것에 더 가까운 설명인 것이다.

그런데 흥미롭게도 이 프로그램에는 버그가 있다! 여기서는 보여주지 않았지만 CompareProductByPrice는 가격을 이미 높은 값에서 낮은 값으로 정렬하였다. 따라서 이 코드는 프로그래머가 의도한 바와 오히려 반대되는 일을 수행한다.

바로 이러한 이유 때문에 두 번째 주석이 더 좋다. 버그가 있음에도 첫 번째 주석은 기술적으로 틀린 게 없다. 루프 자체는 주석대로 역순으로 반복하기 때문이다. 하지만 두 번째 주석문은 코드를 읽는 사람이 가격을 큰값에서 작은값으로 나타내려는 저자의 의도를 더 잘 파악할 수 있고, 코드가 실제로 수행하는 일이 그와 반대라는 사실을 더 잘 눈치 채게 된다. 이런 주석은 실질적으로 중복검사의 역할을 수행한다. 궁극적으로 가장 최선의 중복검사는 유닛테스트다(14장 테스트와 가독성 참고). 하지만 프로그램의 의도를 설명해주는 주석을 다는 행위에는 의미가 있다.

이름을 가진 함수 파라미터Named Function Parameter 주석

다음과 같은 함수 호출을 만났다고 하자.

```
Connect(10, false);
```

이 함수 호출은 함수에 주어진 정수와 불리언값이 무엇을 뜻하는지 불분명하기 때문에 명확하지 않다.

파이썬 같은 언어는 이름과 함께 인수를 전달할 수 있다.

```
def Connect(timeout, use_encryption): ...

# 이름을 가진 파라미터를 이용해서 함수를 호출한다.
Connect(timeout = 10, use_encryption = False)
```

C++와 자바 같은 언어는 이렇게 할 수 없다. 하지만 바로 옆에 주석을 넣어서 같은 효과를 얻을 수 있다.

```
void Connect(int timeout, bool use_encryption) { ... }

// 주석을 가진 파라미터를 이용해서 함수를 호출한다.
Connect(/* timeout_ms = */ 10, /* use_encryption = */ false);
```

첫 번째 파라미터에 그냥 timeout이 아니라 timeout_ms라는 이름을 붙인 사실에 주
목하기 바란다. 함수의 파라미터 이름 자체가 timeout_ms였다면 더 이상적인데, 설령
이름을 바꾸지 않더라도 주석으로 이름의 단점을 쉽게 '개선'시킬 수 있다.

불리언 인수와 관련해서는 /* name = */이라는 주석을 값의 앞에 놓는 것이 특히 중
요하다. 주석을 값의 뒤에 놓으면 혼란을 초래하기 때문이다.

```
// 이렇게 하면 곤란하다!
Connect( ... , false /* use_encryption */);

// 이것도 곤란하다!
Connect( ... , false /* = use_encryption */);
```

이러한 예에서는 false가 "암호화를 사용$^{\text{use encryption}}$하라"는 사실을 뜻하는지 아니면
"암호화를 사용하지 말라$^{\text{don't use encryption}}$"를 뜻하는지 분명하지 않다.

대부분의 함수는 이와 같은 주석이 필요 없는데, 아무튼 이러한 주석은 뜻이 잘 드러나
지 않는 인수를 설명하기 위한 간편하고 간결한 방법이다.

정보 축약형 단어를 사용하라

프로그래밍 경력이 좀 있다면 같은 문제가 지속적으로 반복된다는 사실을 잘 알고 있
을 것이다. 그래서 이와 같은 패턴이나 관용구를 묘사하기 위한 특정한 어휘나 문구가
개발되기도 한다. 이러한 단어를 사용하면 훨씬 더 간결한 주석을 작성할 수 있다.

예를 들어 다음과 같은 설명이 있다고 하자.

```
// 이 클래스는 데이터베이스와 동일한 정보를 담는 멤버를 가지고 있는데, 이는
// 속도를 향상시키는 데 사용된다. 나중에 이 클래스가 읽히면, 멤버들이 어떤 값을
// 가졌는지 확인하고, 만약 값이 있으면 그 값이 반환된다. 값이 없으면
// 데이터베이스에서 값이 읽혀져서 나중에 이용될 수 있게 멤버에 저장된다.
```

이러한 표현 대신 다음처럼 간단하게 할 수도 있다.

```
// 이 클래스는 데이터베이스에 대한 캐시 계층으로 기능한다.
```

혹은 다음과 같은 주석이 있다고 하자.

```
// 주소값에서 불필요한 빈 칸을 제거한다. 그리고 "Avenue"를 "Ave."로 바꾸는 것과
// 같은 정리 작업을 수행한다. 이러한 과정으로 사실상 같지만 다르게 입력된
// 주소는 동일한 방식으로 정리된 값을 갖게 되어 동일한 주소를 가지는지를
// 값들을 서로 비교해서 확인할 수 있다.
```

이것도 다음과 같이 다시 작성할 수 있다.

```
// 주소값을 표준화한다(불필요한 빈칸을 제거하고, "Avenue" -> "Ave." 등의 정리 작업을 수행한다).
```

'경험적인[heuristic]', '주먹구구식[brute-force]', '순진한 해법[naive solution]'과 같이 다양한 의미를 함축하는 단어나 표현이 많다. 길게 늘어지는 주석을 써야 하는 상황이라면 프로그래밍에 전형적인 상황을 묘사하는 표현이 있는지 확인하는 편이 좋다.

요약

이 장에서는 작은 공간에 가능한 최대한으로 많은 정보를 담는 방법을 살펴보았다. 구체적인 내용은 다음과 같다.

- 'it'이나 'this' 같은 대명사가 여러 가지를 가리킬 수 있다면 사용하지 않는 것이 좋다.
- 함수의 동작을 실제로 할 수 있는 한도 내에서 최대한 명확하게 설명하라.
- 신중하게 선택된 입/출력 예로 주석을 서술하라.
- 코드가 가진 의도를 너무 자세한 내용이 아니라 높은 수준에서 개괄적으로 설명하라.
- 같은 줄에 있는 주석으로(예. Functon(/* arg = */ ...)) 의미가 불분명한 함수의 인수를 설명하라.
- 많은 의미를 함축하는 단어로 주석을 간단하게 만들라.

TWO

루프와 논리를 단순화하기

1부에서는 많은 위험이나 노력을 들이지 않고 코드를 한 번에 한 줄씩 고쳐나가면서 코드의 가독성을 개선하는 표면적 수준에서의 개선을 논의했다.

이제는 그보다 더 깊이 들어가서 프로그램의 '루프와 논리'를 논의할 것이다. 프로그램이 작업을 수행하게 만들어주는 흐름제어control flow, 논리식logical expression, 변수 등에 대해서 알아보자.

코드에 부과되는 '정신적 짐'을 최소화하면 이러한 사항을 해결할 수 있다. 머릿속 정신적 짐의 무게는 복잡한 루프, 거대한 표현, 많은 변수를 만날 때 마다 늘어난다. 이들은 여러분에게 더 고민하고 더 많이 기억하길 강요한다. 따라서 '이해하기 쉬운 코드'의 정반대가 된다. 코드가 코드를 읽는 사람에게 정신적 부담을 더 많이 부과할수록, 버그는 좀처럼 눈에 보이지 않고, 코드 수정 작업은 더 어려워지고, 결국 그런 코드로 작업하는 일이 즐겁지 못하게 된다.

7

읽기 쉽게 흐름제어 만들기

조건, 루프, 흐름을 통제하는 선언문이 코드에 없으면 매우 읽기 편할 것이다. 사실은 이와 같은 분기문과 점프문은 어려운 대상이며, 코드를 복잡하게 만드는 원인이다. 이 장은 코드에 존재하는 흐름제어를 읽기 쉽게 만드는 방법을 논의한다.

핵심 아이디어 **흐름을 제어하는 조건과 루프 그리고 여타 요소를 최대한 '자연스럽게' 만들도록 노력하라. 코드를 읽다가 다시 되돌아가서 코드를 읽지 않아도 되게끔 만들어야 한다.**

조건문에서 인수의 순서

다음 두 코드 중에서 어떤 코드가 더 읽기 쉬운지 생각해보라.

```
if (length >= 10)
```

혹은

```
if (10 <= length)
```

대부분의 프로그래머는 첫 번째 코드가 더 읽기 쉽다고 느낄 것이다. 하지만 다음 경우는 어떨까?

```
while (bytes_received < bytes_expected)
```

혹은

```
while (bytes_expected > bytes_received)
```

이 경우에도 첫 번째 코드가 더 읽기 편하다. 무엇 때문일까? 일반적인 규칙은 무엇일까? a < b와 b > a 중에서 어느 한 쪽이 읽기 편하다고 느끼는 이유는 무엇일까?

이와 관련하여 우리가 발견한 유용한 규칙은 다음과 같다.

왼쪽	오른쪽	
값이 더 유동적인 '질문을 받는' 표현	더 고정적인 값으로, 비교대상으로 사용되는 표현	

이러한 가이드라인은 영어 어순과 일치한다. "당신이 적어도 1년에 10만 불을 번다면" 혹은 "당신이 적어도 18세라면"이라고 말하는 것은 자연스럽다. 하지만 "만약 18년이 당신의 나이보다 작거나 같다면"이라고 말하는 것은 부자연스럽다.

때문에 while (bytes_received < bytes_expected)가 더 읽기 편한 것이다. bytes_received는 검사를 수행하고자 하는 대상으로, 루프가 반복될 때마다 값이 증가한다. bytes_expected는 더 '안정적인' 값으로 비교에 사용되는 값이다.

'요다 표기법'Yoda Notation'은 여전히 유용한가?

C와 C++ 같은 프로그래밍 언어는 if 조건문 안에 할당문을 넣는 게 허용된다(단 자바는 그렇지 않다).

```
if (obj = NULL) ...
```

하지만 이는 버그일 가능성이 높다. 프로그래머가 의도한 것은 아마 이것일 것이다.

```
if (obj == NULL) ...
```

이러한 버그를 피하려고 인수의 순서를 바꾸는 프로그래머가 많다.

```
if (NULL == obj) ...
```

이렇게 하면 ==가 실수로 =로 표기되어도, if (NULL = obj)라는 표현은 컴파일 자체가 되지 않는다. 위 예제처럼 순서를 바꾸면 코드가 부자연스러워 진다(요다가 말한 "Not if anything to say about it I have"처럼[1] 고맙게도 요즘 사용되는 컴파일러는 if (obj = NULL)과 같은 표현을 만나면 경고를 출력한다. 따라서 '요다 표기법'은 불필요한 과거의 일이 되어 가고 있다.

---

1 역자주_이 표현은 영화 스타워즈에서 요다가 상대방의 말을 부정함과 동시에 상대방의 의도를 막겠다는 뜻으로 한 말이다. 이 문장의 문법은 미국 사람들조차 쉽게 받아들이기 어려울 정도로 꼬여 있는데 이 책에서는 바로 그러한 문법의 부자연스러움을 강조하기 위해서 이 문장을 인용했다.

if/else 블록의 순서

애들아, 밥이 애완용 개구리에 대해 발표하는 동안
모두 개구리에 주목 하자꾸나.

if/else 문은 블록의 순서를 자유롭게 바꿔 작성할 수 있다. 예를 들어 다음과 같은 코드를 작성할 때

```
if (a == b) {
    // 첫 번째 경우
} else {
    // 두 번째 경우
}
```

다음과 같이 순서를 바꿀 수 있다.

```
if (a != b) {
    // 두 번째 경우
} else {
    // 첫 번째 경우
}
```

지금까지 이러한 경우를 별로 생각하지 않았을 수도 있는데, 사실 두 가지 중에서 어느한 쪽을 선택해야 하는 이유가 있다.

- 부정이 아닌 긍정을 다루어라. 즉 if(!debug)가 아니라 if(debug)를 선호하자.
- 간단한 것을 먼저 처리하라. 이렇게 하면 동시에 같은 화면에 if와 else 구문을 나타낼 수도 있다. 두 개의 주문을 동시에 보는 게 더 좋다.
- 더 흥미롭고, 확실한 것을 먼저 다루어라.

때때로 이러한 규칙이 서로 충돌을 일으켜서 판단을 내려야 할 때도 있다. 대부분은 확실한 승자가 눈에 들어오기 마련이다.

예를 들어 URL이 expand_all이라는 질의 파라미터[query parameter] 포함 여부에 따라 response를 만드는 웹 서버가 있다고 하자.

```
if (!url.HasQueryParameter("expand_all")) {
    response.Render(items);
    ...
} else {
    for (int i = 0; i < items.size(); i++) {
        items[i].Expand();
    }
    ...
}
```

코드를 읽는 사람은 첫 번째 줄을 읽자마자 expand_all이 무엇인지 궁금할 것이다. 이는 마치 누군가가 "분홍색 코끼리를 생각하지 마세요"라고 말하는 것과 같다. "마세요"라고 했지만 "분홍색 코끼리"를 생각하지 않을 수 없는 것이다. "마세요"가 "분홍색 코끼리"라는 더 괴상한 단어에 뜻이 묻혔기 때문이다.

여기서는 expand_all이 분홍색 코끼리에 해당한다. 이것이 더 흥미롭고 긍정하는 부분이기도 하므로 이를 먼저 다루는 것이 좋다.

```
if (url.HasQueryParameter("expand_all")) {
    for (int i = 0; i < items.size(); i++) {
        items[i].Expand();
    }
    ...
} else {
    response.Render(items);
    ...
}
```

다음은 부정해야 더 단순하고 흥미로우면서 동시에 위험해지는 경우다. 이 예를 먼저 살펴보자.

```
if not file:
    # 에러를 기록 ...
else:
    # ...
```

이 경우는 상세 내용을 따지고 난 뒤 판단을 내려야 한다.

지금까지 내용을 정리하면, 이러한 사항에 주의를 기울이고 혹시 자신이 작성하는 if/else 문이 이상한 순서로 작성되는지 확인하라는 것이다.

(삼항 연산자로 알려진)?:를 이용하는 조건문 표현

C 언어는 조건문을 cond ? a : b와 같이 작성할 수도 있다. 이는 if (cond) { a } else { b }를 더 간단하게 표현한 것이다.

위와 같은 표현이 가독성에 미치는 영향은 논쟁의 대상이다. 이러한 표현을 옹호하는 사람들은 여러 줄에 걸쳐서 나타날 표현을 한 줄에 담아 좋은 방법이라고 말한다. 반대하는 사람은 이러한 표현이 오히려 읽기 혼란스럽고 디버깅이 어렵다고 한다.

다음은 삼항 연산자가 읽기 편하고 간결한 경우다.

```
time_str += (hour >= 12) ? "pm" : "am";
```

삼항 연산자를 사용하지 않으려면 코드를 다음과 같이 작성해야 할 것이다.

```
if (hour >= 12) {
    time_str += "pm";
} else {
    time_str += "am";
}
```

이는 다소 산만하고 중복적이다. 이 경우에는 앞의 조건문이 더 그럴듯하다.

하지만 이러한 표현은 쉽게 복잡해진다.

```
return exponent >= 0 ? mantissa * (1 << exponent) : mantissa / (1 <<
-exponent);
```

여기에서의 삼항 연산자는 더 이상 간단한 두 값에서 선택하는 문제가 아니다. 코드를 이렇게 작성하는 것은 '모든 것을 한 줄에 쓰기' 이상 아무 것도 아니다.

핵심 아이디어 **줄 수를 최소화하는 일보다 다른 사람이 코드를 읽고 이해하는 데 걸리는 시간을 최소화하는 일이 더 중요하다.**

이러한 코드는 if/else 문으로 작성하는 편이 더 자연스럽다.

```
if (exponent >= 0) {
    return mantissa * (1 << exponent);
} else {
    return mantissa / (1 << -exponent);
}
```

조언 **기본적으로 if/else를 이용하라. ?:를 이용하는 삼항 연산은 매우 간단할 때만 사용해야 한다.**

do/while 루프를 피하라

펄을 포함하여 널리 사용되는 많은 프로그래밍 언어가 do { expression } while (condition) 루프를 지원한다. 이때 expression은 적어도 한 번 실행된다. 예를 살펴보자.

```
// 'node'부터 리스트를 검색하여 주어진 'name'을 찾는다.
// 'max_length' 이상의 노드는 고려하지 않는다.
public boolean ListHasNode(Node node, String name, int max_length) {
    do {
        if (node.name().equals(name))
            return true;
        node = node.next();
    } while (node != null && --max_length > 0);

    return false;
}
```

do/while 루프는 코드 블록이 아래에 있는 조건에 따라서 다시 실행될 수도 있다. 일반적으로 논리적 조건은 그것이 감싸는 코드 위에 놓인다. if, while, for문의 동작 원리는 모두 이와 같이 코드를 위에서 아래로 읽는다. 따라서 그 역순인 do/while문은 부자연스럽다. 코드를 두 번 읽기 때문이다.

while 루프는 그 안에 있는 코드 블록을 보기 전에 반복되는 조건을 미리 확인하므로 읽기 쉽다. 그렇다고 단지 do/while을 제거하려고 중복된 코드를 사용하는 일은 우스꽝스런 행동이다.

```
// do/while을 흉내내기 - 이렇게 하지 말라!
본문

while (조건) {
  본문 (반복)
}
```

다행히도 우리는 대부분의 do/while 루프가 while 루프로 작성될 수 있다는 사실을 발견했다.

```
public boolean ListHasNode(Node node, String name, int max_length) {
    while (node != null && max_length-- > 0) {
        if (node.name().equals(name)) return true;
        node = node.next();
    }
    return false;
}
```

이 버전은 만약 max_length가 0이거나 node가 null일 때도 여전히 동작한다는 장점이 있다.

do/while 루프에서 continue를 사용하면 혼란을 초래하므로 피하는 것 좋다. 예를 들어 다음 코드가 수행하는 일은 무엇인가?

```
do {
    continue;
} while (false);
```

이 루프는 계속 반복되는가 아니면 한 번만 실행되는가? 프로그래머 대부분은 잠시 손을 멈추고 생각을 해야 답을 알 수 있다(답은 한 번만 실행되는 것이다).

C++의 창시자인 반얀 스트라우스트럽은 『The C++ Programming Language』에서 이러한 사실을 잘 정리하였다.

격언 "내 경험으로 에러와 혼동의 원인은 do문에 있다. 그래서 나는 조건이 '눈에 뜨이는 곳에 미리' 나타나도록 만드는 것을 선호한다. 결과적으로 나는 do문을 피하는 경향이 있다"

함수 중간에서 반환하기

어떤 프로그래머는 한 함수에서 반환하는 곳이 여러 곳이면 안 된다고 생각한다. 이는 말이 되지 않는다. 함수 중간에서 반환하는 것은 완전히 허용되어야 한다. 이는 종종 바람직할 때도 있다. 예를 보자.

```java
public boolean Contains(String str, String substr) {
    if (str == null || substr == null) return false;
    if (substr.equals("")) return true;
    ...
}
```

이 함수를 위와 같이 '보호 장치' 없이 구현하면 매우 부자연스러워질 것이다.

반환 포인트를 하나만 두려는 건 함수의 끝부분에서 실행되는 클린업^{cleanup} 코드의 호출을 보장하려는 의도다. 하지만 현대의 언어는 클린업 코드를 실행시키는 더 정교한 방법을 제공한다.

언어	클린업 코드를 위한 관용적 구조
C++	destructors^{파괴자}
자바, 파이썬	try finally
파이썬	with
C#	using

순수한 C언어는 함수를 반환할 때 특정한 코드를 실행시키는 방법을 제공하지 않는다. 따라서 함수가 기다란 코드의 중간 부분에서 반환될 수 있도록 작성되어 있으면, 반환되는 지점 다음에 위치한 클린업 코드는 실행되지 않는다는 문제가 있다. 이런 경우에는 함수를 리팩토링하거나 goto cleanup;과 같은 명령을 신중하게 사용하는 등의 별도 방법을 취해야 한다.

악명 높은 goto

C 를 제외한 다른 언어에는 goto를 사용하는 것보다 더 좋은 방법이 있으므로 이를 이용할 필요성이 거의 없다. goto를 쓰면 코드가 쉽게 엉망진창이 되어버려, 코드의 흐름을 따라가기 어렵게 하는 걸로 악명이 높다.

하지만 여러 C 프로젝트에서 여전히 goto를 발견할 수 있다. 특히 리눅스 커널이 그러하다. goto를 사용하는 것을 용서할 수 없는 신성모독으로 간주하기 전에, goto를 사용하면 어째서 더 나은지를 살펴보자.

goto를 사용하는 가장 간단하고 순진무구한 방법은 함수의 맨 밑에 하나의 exit 포인트만 두는 것이다.

```
    if (p == NULL) goto exit;

    ...

exit:
    fclose(file1);
    fclose(file2);
    ...

    return;
```

위 예가 goto를 사용하는 유일한 상황이라면, goto는 그렇게까지 심각한 문제아로 여겨지지 않았을 것이다.

문제는 goto가 이동할 수 있는 장소가 여러 곳으로 늘어나면서 시작되어, 경로가 서로 교차할 때 더욱 심각해진다. 특히 goto의 목표 위치가 위로 향하면 스파게티 코드가 양산된다. 그러한 코드는 분명히 구조적인 루프로 대체될 수 있다. 어쨌든 goto는 피할 수 있다면 피하는 게 낫다.

중첩을 최소화하기

코드의 중첩이 심할수록 이해하기 어렵다. 중첩이 일어날 때마다 코드를 읽는 사람의 마음 속에 존재하는 '정신적 스택'에 추가적인 조건이 입력된다. 코드를 읽다가 닫는 괄호(})를 만나면 스택의 값을 꺼내고 그 아래 적용된 조건을 기억하는 일이 더 어려워지는 것이다.

다음은 간단한 예이다. 자신이 현재 어떤 조건 블록에 있는지 확인하려고, 위에 있는 코드를 점검할 필요성을 느끼는지 유의하면서 코드를 읽어보라.

```
if (user_result == SUCCESS) {
    if (permission_result != SUCCESS) {
        reply.WriteErrors("error reading permissions");
        reply.Done();
        return;
    }
    reply.WriteErrors("");
} else {
    reply.WriteErrors(user_result);

}
reply.Done();
```

첫 번째 닫는 괄호를 만나면 여러분은 "아하, permission_result != SUCCESS가 방금 끝났으니까 이제 permission_result == SUCCESS가 시작될 차례인데, 여기는 아직도 user_result == SUCCESS인 블록 안이구나"라고 생각해야 한다.

결국 user_result와 permission_result의 결과를 머릿속에 저장한 상태에서 코드를 계속 읽어 나가야 한다. 그리고 각각의 if {} 블록이 끝날 때마다 상응하는 값을 마음 속에서 변경해야 한다.

이런 코드는 더 좋지 못한데, 그 이유는 바로 코드를 읽는 사람이 SUCCESS인 경우와 SUCCESS가 아닌 경우를 계속해서 왔다 갔다 하기 때문이다.

중첩이 축척되는 방법
앞의 예제 코드를 수정하기 전에, 코드가 그렇게 된 이유부터 살펴보자.

원래 코드는 이렇게 간단했다.

```
if (user_result == SUCCESS) {
    reply.WriteErrors("");
} else {
    reply.WriteErrors(user_result);
}
reply.Done();
```

이 코드는 완벽하게 이해할 수 있다. 어떤 에러 문자열을 쓸 것인지 파악하면 reply로
작업을 끝낸다.

하지만 어떤 프로그래머가 두 번째 동작을 집어넣었다.

```
if (user_result == SUCCESS) {
    if (permission_result != SUCCESS) {
        reply.WriteErrors("error reading permissions");
        reply.Done();
        return;
    }
    reply.WriteErrors("");
...
```

이러한 수정에는 일리가 있다. 이 프로그래머는 삽입해야 하는 새로운 코드 덩어리를 가
지고 있었고, 이를 가장 쉽게 넣을 수 있는 장소를 발견했을 뿐이다. 이 새로운 코드는
신선했으므로 프로그래머 마음 속에서 그 의미가 '부풀려졌다'. 그리고 이 수정이 초래하
는 '차이'도 선명해서 식별이 용이하다. 때문에 매우 간단한 수정으로 생각되었다.

하지만 누군가 다른 사람이 나중에 이 코드를 읽으면, 앞에서 살펴본 종류의 문맥은 모
두 사라진다. 이 장의 맨 앞에서 보았던 코드도 이러한 과정으로 작성된 것이다. 나중
에 코드를 읽는 사람은 그런 코드를 받아들일 수밖에 없다.

핵심 아이디어 **수정해야 하는 상황이라면 여러분의 코드를 새로운 관점에서 바라보라. 뒤로 한걸음 물러서서 코드 전
체를 보라.**

함수 중간에서 반환하여 중첩을 제거하라

이제 코드를 개선해보자. 이렇게 특정한 조건을 만나면 함수를 반환하기 위해서 삽입된 중첩은 '실패한 경우들'을 최대한 빠르게 처리하고 함수에서 반환하여 제거할 수 있다.

```
if (user_result != SUCCESS) {
    reply.WriteErrors(user_result);
    reply.Done();
    return;
}

if (permission_result != SUCCESS) {
    reply.WriteErrors(permission_result);
    reply.Done();
    return;
}

reply.WriteErrors("");
reply.Done();
```

이 코드는 이제 두 단계가 아닌 한 단계 중첩을 가진다. 더 중요한 것은, 코드를 읽는 사람이 마음 속에 있는 스택에서 어떤 값을 꺼낼 필요가 없게 되었다는 점이다. 모든 if 블록은 return과 함께 끝나기 때문이다.

루프 내부에 있는 중첩 제거하기

중간에 반환하는 기술은 항상 적용할 수 있는 게 아니다. 예를 들어 다음은 루프 내부에 중첩된 코드가 있는 예다.

```
for (int i = 0; i < results.size(); i++) {
    if (results[i] != NULL) {
        non_null_count++;
        if (results[i]->name != "") {
            cout << "Considering candidate..." << endl;

            ...
        }
    }
}
```

밖으로 빠져나가지 않고 루프에서 중간에 반환할 때는 continue를 사용한다.

```
for (int i = 0; i < results.size(); i++) {
    if (results[i] == NULL) continue;
    non_null_count++;

    if (results[i]->name == "") continue;
    cout << "Considering candidate..." << endl;

    ...
}
```

if(...) return;을 함수의 보호 장치로 사용했듯이 이와 같은 if(...) continue; 구문을 루프의 보호 장치로 사용할 수 있다.

일반적으로 continue문은 혼란스럽게 보일 수 있다. 이는 루프 안에 있는 goto처럼 논리의 흐름을 건너뛰기 때문이다. 하지만 루프에 대한 각각의 반복이 독립적이다(이 루프는 'for each'다). 따라서 continue는 단지 "이번 반복을 건너뛰어라"를 의미한다는 사실을 쉽게 확인할 수 있다.

실행 흐름을 따라올 수 있는가?

지금까지 하위수준의 흐름제어를 논의했다. 루프와 조건문을 비롯한 그외 분기문을 읽기 쉽게 만드는 방법을 살펴본 것이다. 하지만 자신의 프로그램에 존재하는 '흐름'을 상위수준에서 조망해볼 필요가 있다. 프로그램의 전체 실행 경로를 쉽게 따라갈 수 있게 만드는 게 궁극의 목표다. main()에서 시작해서 프로그램이 종료할 때까지 함수의 호출과 같이 코드에 존재하는 각 단계를 마음 속으로 밟아나가는 것이다.

하지만 실제로는 프로그래밍 언어와 라이브러리 코드가 눈에 보이는 코드의 '뒤에서' 실행되므로 흐름을 완전히 따라가기가 녹녹하지는 않다. 다음은 몇 가지 예다.

프로그래밍 구조	상위수준의 프로그램 흐름이 혼란스러워지는 방식	
스레딩	어느 코드가 언제 실행되는지 불분명하다.	
시그널/인터럽트 핸들러	어떤 코드가 어떤 시점에 실행될지 모른다.	
예외exceptions	예외처리가 여러 함수 호출을 거치면서 실행될 수 있다.	
함수 포인터 & 익명 함수	실행할 함수가 런타임에 결정되기 때문에 컴파일 과정에서는 어떤 코드가 실행될지 알기 어렵다.	
가상 메소드	object.virtualMethod()는 알려지지 않은 하위클래스의 코드를 호출할지도 모른다.	

위 예시 중 어떤 것은 매우 유용하다. 코드를 더 읽기 편하고 덜 중복되게 한다. 하지만 프로그래머는 나중에 코드를 읽는 사람이 얼마나 어렵게 느낄지 생각하지 않은 채 이러한 구조들을 과도하게 사용하기도 한다. 그리고 이러한 구조는 버그 추적을 매우 어렵게 한다.

결국 핵심은 코드를 작성할 때 이러한 구조가 차지하는 비율이 너무 높지 않아야 한다는 데 있다. 만약 과용하면 코드의 흐름을 파악하는 일이 앞에 있는 만화 '쓰리 카드 몬테'의 예처럼 어려워진다.

요약

코드의 흐름제어를 읽기 쉽게 하는 방법은 여러 가지가 있다.

(while (bytes_expected > bytes_received))와 같은 비교 구문을 작성할 때는, (while (bytes_received < bytes_expected))처럼 변화하는 값을 왼쪽에 놓고 안정적인 값을 오른쪽에 놓는 편이 좋다.

if/else 문의 블록 순서를 바꿀 수도 있다. 일반적으로 긍정적이고, 쉽고, 흥미로운 경우를 앞에 놓도록 하라. 때로는 이러한 규칙이 충돌을 일으키기도 하지만 일반적으로 좋은 규칙이다.

삼항 연산자(: ?)나 do/while 그리고 goto 같은 프로그래밍 구조는 종종 코드의 가독성을 떨어트린다. 대부분의 경우 그런 구조를 대신할 수 있는 방법이 존재하므로 되도록이면 사용하지 않는 것이 최선이다.

중첩된 코드 블록의 흐름을 따라가려면 더 집중해야 한다. 중첩된 블록은 '스택에 넣어두어야 하는' 문맥을 늘리기 때문이다. 지나친 중첩을 피하려면 '선형적인' 코드를 추구하기 바란다.

함수 중간에 반환하면 중첩을 피하고 코드를 더 깔끔하게 작성할 수 있다. 함수 앞부분에서 '보호 구문'으로 간단한 경우를 미리 처리하는 방식도 유용하다.

8
거대한 표현을 잘게 쪼개기

대왕오징어는 매우 놀랍고 지혜로운 동물이다. 하지만 완벽해 보이는 몸에는 한 가지 치명적인 결함이 있다. 바로 식도를 감싸는 도넛 모양의 뇌다. 이 때문에 폭식하면 뇌가 손상된다.

대왕오징어가 코드와 무슨 상관인가? 지나치게 커다란 '덩어리' 코드는 이와 동일한 효과가 있다. 최근 한 연구[1]에 따르면 우리는 보통 한번에 서너 개 '일'만 생각할 수 있다고 한다. 즉 코드의 표현이 커지면 커질수록 이해하기 더 어렵다.

> **핵심 아이디어** **거대한 표현을 더 소화하기 쉬운 여러 조각으로 나눈다.**

이 장에서는 코드를 수정해서 삼키기 쉬운 작은 조각으로 나누는 방법을 알아볼 것이다.

설명 변수

커다란 표현을 쪼개는 가장 쉬운 방법은 작은 하위표현을 담을 '추가 변수extra variable'를 만드는 것이다. 추가 변수는 하위표현의 의미를 설명하므로 '설명 변수explaining variable'라고도 한다.

다음은 간단한 예다.

```python
if line.split(':')[0].strip() == "root":
    ...
```

다음은 설명 변수를 사용하는, 위와 동일한 코드의 예다.

```python
username = line.split(':')[0].strip()
if username == "root":
    ...
```

---

1 역자주_Cowan, N. '단기기억에서 마술적인 수 4 : 정신적 저장능력에 대한 재조명' (2001)

요약 변수

의미를 쉽게 파악할 수 있어 별도의 설명을 요구하지 않는 표현이라고 해도, 새로운 변수로 담아두는 방법은 여전히 유용할 수 있다. 이렇게 커다란 코드의 덩어리를 짧은 이름으로 대체하여 더 쉽게 관리하고 파악하는 목적을 가진 변수를 요약 변수라고 한다.

예를 들어 다음 코드에 있는 표현을 생각해보자.

```
if (request.user.id == document.owner_id) {
    // 사용자가 이 문서를 수정할 수 있다....
}
...
if (request.user.id != document.owner_id) {
    // 문서는 읽기전용이다...
}
```

request.user.id == document.owner_id라는 표현이 커다랗게 보이지는 않지만, 이는 변수 다섯 개를 담고 있다. 따라서 이 표현을 읽으려면 추가적인 시간이 필요하다.

다음 코드의 핵심 개념은 "사용자가 이 문서를 소유하는가?"다. 이러한 개념은 요약 변수를 더하면 더 명확하게 표현될 수 있다.

```
final boolean user_owns_document = (request.user.id == document.owner_id);

if (user_owns_document) {
    // 사용자가 이 문서를 수정할 수 있다....
}

...

if (!user_owns_document) {
    // 문서는 읽기전용이다...
}
```

대단한 개선처럼 보이지 않을지 몰라도 if(user_owns_document)라는 구문은 더 읽기 쉽다. 또한 user_owns_document라는 표현을 맨 위에 두어 코드를 읽는 사람에게 "이것이 바로 이 함수에서 생각해야 하는 주된 개념이로군"이라는 생각이 들게 한다.

드모르간의 법칙 사용하기

회로나 논리 수업을 들었다면 드모르간의 법칙^{De Morgan's Laws}을 기억할 것이다. 동일한 불리언 표현은 다음과 같이 두 가지 방법으로 작성할 수 있다.

---

1) not (a or b or c) ⇔ (not a) and (not b) and (not c)
2) not (a and b and c) ⇔ (not a) or (not b) or (not c)

이러한 법칙을 떠올리는 게 힘들면 "not을 분배하고 and/or를 바꿔라"만 기억하자. 혹은 거꾸로 not을 밖으로 빼내기도 한다.

이 법칙으로 불리언 표현을 간단하게 만들 수도 있다. 예를 들어 다음과 같은 코드가 있다고 하자.

```
if (!(file_exists && !is_protected)) Error("미안합니다. 파일을 읽을 수 없습니다.");
```

이를 다음과 같이 수정할 수 있다.

```
if (!file_exists || is_protected) Error("미안합니다. 파일을 읽을 수 없습니다.");
```

쇼트 서킷 논리^{Short-Circuit Logic} 오용 말기

대부분의 프로그래밍 언어에서 불리언 연산은 쇼트 서킷 평가를 수행한다. 예를 들어 if (a || b)에서 a가 참이면 b는 평가하지 않는다. 이는 매우 편리하지만 때로는 복잡한 연산을 수행할 때 오용될 수도 있다.

다음은 저자 중 한 명이 작성했던 코드다.

```
assert((!(bucket = FindBucket(key))) || !bucket->IsOccupied());
```

이 코드가 수행하는 일을 말로 풀면 "이 키를 위한 바구니를 구하라. 바구니가 null이 아니면, 그것을 다른 누군가 차지하고 있지 않은지 확인하라"이다. 이 코드는 한 줄에 불과하지만 대부분의 프로그래머는 의미를 이해하기 위해서 손을 멈추고 생각해야 한

다. 앞에서 살펴본 예를 다음 코드와 비교해보라.

```
bucket = FindBucket(key);
if (bucket != NULL) assert(!bucket->IsOccupied());
```

이 코드는 동일한 일을 수행한다. 코드가 두 줄로 늘어났지만 훨씬 이해하기 쉬워졌다. 그럼 첫 번째 코드가 굳이 한 줄짜리 거대한 표현으로 작성된 이유는 무엇이었을까? 코드를 작성하던 당시에는 그렇게 하는 게 매우 영리하다고 생각했기 때문이다. 짧은 코드에 논리를 집어넣는 행위에는 어떤 즐거움이 있기 때문이다. 이해할 만한 일이다. 이는 작은 퍼즐을 맞추는 기쁨과 비슷하다. 우리는 모두 일을 하면서 어떤 즐거움을 얻기를 원한다. 문제는 바로 그런 코드가 나중에 코드를 읽는 사람에게는 정신적인 장애물이 된다는 데 있다.

핵심 아이디어 **'영리하게' 작성된 코드에 유의하라. 나중에 다른 사람이 읽으면 그런 코드가 종종 혼란을 초래한다.**

그렇다면 쇼트 서킷 연산을 사용하면 안 될까? 그건 아니다. 예컨대 다음과 같이 깔끔하게 사용할 수 있는 경우도 얼마든지 많다.

```
if (object && object->method()) ...
```

언급할 만한 일이 또 있다. 파이썬, 자바스크립트, 루비 같은 언어는 'or' 연산자가 인수 중 하나를 반환한다(해당 값은 불리언으로 변환되지 않는다). 따라서 다음 코드는

```
x = a || b || c
```

a, b, c라는 세 값 중에서 첫 번째 '참' 값을 반환하는 데 사용할 수 있다.

예: 복잡한 논리와 씨름하기

다음과 같은 Range 클래스를 구현한다고 해보자.

```
struct Range {
```

```
    int begin;
    int end;
    // 예컨대 [0, 5)는 [3, 8)과 부분적으로 겹친다.
    bool OverlapsWith(Range other);
};
```

다음 그림은 몇 가지 범위의 예를 보여준다.

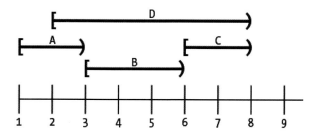

end는 경계를 포함하지 않는다는 사실에 유의하라. 따라서 A, B, C는 서로 겹치지 않지만 D는 이들 모두와 겹치는 부분이 있다.

다음은 주어진 범위의 양쪽 경계값이 other의 범위에 속하는지 확인하는 OverlapsWith() 함수를 구현하는 한 가지 방법이다.

```
bool Range::OverlapsWith(Range other) {
    // 'begin'이나 'end'가 'other'에 속하는지 검사한다.
    return (begin >= other.begin && begin <= other.end) ||
           (end >= other.begin && end <= other.end);
}
```

코드가 두 줄밖에 되지 않지만, 안에서 많은 일이 일어나고 있다. 다음 그림은 논리 안에서 일어나는 일들을 표현했다.

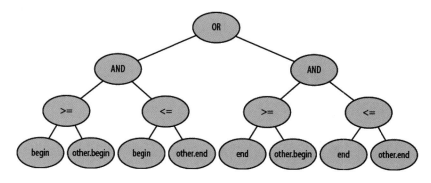

생각해야 하거나 조건이 너무나 많으므로 버그가 발생할 확률이 매우 높다.

이야기가 나왔으니까 말인데, 사실은 버그가 있다. 앞선 코드는 범위 [0, 2)가 [2, 4)와 겹친다고 말한다. 사실은 겹치지 않는데 말이다.

문제는 <= 혹은 < 로 begin/end 값을 비교할 때 매우 신중해야 한다는 점이다. 이 버그를 수정하면 다음과 같다.

```
return (begin >= other.begin && begin < other.end) ||
       (end > other.begin && end <= other.end);
```

이제는 정확한가? 사실은 또 다른 버그가 있다. 이 코드는 begin/end가 other를 완전히 포함하는 경우를 무시한다.

이를 제대로 해결한 수정 코드는 다음과 같다.

```
return (begin >= other.begin && begin < other.end) ||
       (end > other.begin && end <= other.end) ||
       (begin <= other.begin && end >= other.end);
```

세상에! 이 코드는 이제 걷잡을 수 없이 복잡해졌다. 다른 사람이 이 코드를 읽고 정확한지 판단할 수 있으리라고 기대할 수는 없다. 그럼 어떻게 해야 하나? 이 거대한 표현을 어떻게 쪼갤 수 있을까?

더 우아한 접근방법 발견하기

이제는 더 이상의 전진을 멈추고 완전히 다른 접근방법을 생각해야 한다. 우리는 두 개의 범위에 겹치는 부분이 있는지 확인하는 간단한 문제에서 출발하여 놀라울 정도로 비비꼬인 논리를 갖게 되었다. 이런 경우에는 대개 더 쉬운 방법이 있기 마련이다.

하지만 더 우아한 해결책을 찾으려면 창의력이 필요하다. 그럼 어떻게 하는가? 한 가지 해결책은 똑같은 문제를 '반대되는' 방법으로 해결할 수 있는지 확인하는 것이다. 이는 상황에 따라 배열을 역순으로 반복하거나 어떤 데이터 구조를 앞이 아니라 뒤로 가면서 채워 넣는 것을 의미한다.

여기서 OverlapsWith()의 반대는 '겹치지 않는 것'이다. 두 개의 범위가 서로 겹치지 않는 것을 확인하는 방법에는 두 가지 가능성만 존재하므로 훨씬 더 풀기 쉬운 문제로 다가온다.

1 다른 범위가 이 범위 시작보다 전에 끝난다.

2 다른 범위가 이 범위가 끝난 후에 시작된다.

이를 코드로 만드는 방법은 쉽다.

```cpp
bool Range::OverlapsWith(Range other) {
    if (other.end <= begin) return false; // 우리가 시작하기 전에 끝난다.
    if (other.begin >= end) return false; // 우리가 끝난 후에 시작한다.

    return true; // 마지막 가능성만 남았다. 즉 겹친다.
}
```

코드의 각 줄은 전보다 훨씬 더 간단하다. 한 번의 비교만 포함할 뿐이다. 이렇게 하면 코드를 읽는 사람이 <= 연산자를 정확하게 사용했는지 쉽게 확인할 수 있다.

거대한 구문 나누기

이 장은 개별적인 표현을 잘게 쪼개는 내용을 담고 있다. 하지만 동일한 테크닉으로 거대한 구문도 나눌 수 있다. 예를 들어 다음 자바스크립트 코드는 한 번에 읽어야 하는 많은 내용을 담고 있다.

```javascript
var update_highlight = function (message_num) {
    if ($("#vote_value" + message_num).html() === "Up") {
        $("#thumbs_up" + message_num).addClass("highlighted");
        $("#thumbs_down" + message_num).removeClass("highlighted");
    } else if ($("#vote_value" + message_num).html() === "Down") {
        $("#thumbs_up" + message_num).removeClass("highlighted");
        $("#thumbs_down" + message_num).addClass("highlighted");
    } else {
        $("#thumbs_up" + message_num).removeClass("highlighted");
        $("#thumbs_down" + message_num).removeClass("highlighted");
    }
};
```

이 코드에 있는 개별적인 표현은 그렇게 크지 않지만, 모두 한 곳에 있어서 코드를 읽는 사람의 머리를 강타하는 거대한 구문을 형성한다.

다행히도 표현하는 많은 부분이 동일하다. 따라서 동일한 부분을 요약 변수로 추출해서 함수의 앞부분에 놓아둘 수 있다. 이는 DRY − Don't Repeat Yourself (이렇게 하지 마시오) 원리의 예를 보여준다.

```
var update_highlight = function (message_num) {
    var thumbs_up = $("#thumbs_up" + message_num);
    var thumbs_down = $("#thumbs_down" + message_num);
    var vote_value = $("#vote_value" + message_num).html();
    var hi = "highlighted";

    if (vote_value === "Up") {
        thumbs_up.addClass(hi);
        thumbs_down.removeClass(hi);
    } else if (vote_value === "Down") {
        thumbs_up.removeClass(hi);
        thumbs_down.addClass(hi);
    } else {
        thumbs_up.removeClass(hi);
        thumbs_down.removeClass(hi);
    }
};
```

반드시 var hi = "highlighted"처럼 해야 하는 건 아니지만 우리는 이를 무려 여섯 번이나 반복하는데, 이렇게 변수를 만들면 다음과 같은 여러 이점을 갖는다.

- 타이핑 실수를 피할 수 있다. 사실 128페이지 하단 예제 아홉 번째 줄에서 "highighted"라는 잘못된 철자를 사용하였는데, 눈치 채었는가?
- 코드를 한눈에 훑어보는 게 용이하도록 코드의 길이를 조금이라도 더 줄여준다.
- 클래스명을 변경해야 할 때 한 곳만 바꾸면 된다.

표현을 단순화하는 다른 창의적인 방법들

각 표현 안에서 많은 일들이 일어나는 또 다른 예다. 이번에는 C++을 이용한다.

```
void AddStats(const Stats& add_from, Stats* add_to) {
    add_to->set_total_memory(add_from.total_memory() + add_to->total_memory());
    add_to->set_free_memory(add_from.free_memory() + add_to->free_memory());
    add_to->set_swap_memory(add_from.swap_memory() + add_to->swap_memory());
    add_to->set_status_string(add_from.status_string() + add_to->status_string());
    add_to->set_num_processes(add_from.num_processes() + add_to->num_processes());
    ...
}
```

이번에도 여러분은 이를 길고 비슷한 코드로 보겠지만 완전히 똑같지는 않다. 10초 정
도만 살펴보면 모두 다른 변수를 이용할 뿐, 결국 같은 일을 수행하고 있음을 파악할
것이다.

```
add_to->set_XXX(add_from.XXX() + add_to->XXX());
```

C++에서는 매크로를 정의하여 이러한 표현을 구현할 수 있다.

```
void AddStats(const Stats& add_from, Stats* add_to) {
    #define ADD_FIELD(field) add_to->set_##field(add_from.field() + add_to->field())

    ADD_FIELD(total_memory);
    ADD_FIELD(free_memory);
    ADD_FIELD(swap_memory);
    ADD_FIELD(status_string);
    ADD_FIELD(num_processes);
    ...
    #undef ADD_FIELD
}
```

눈을 어지럽히는 내용을 모두 제거했으므로 이제 코드를 다시 읽으면 핵심을 즉시 이해
할 수 있다. 각각의 줄이 같은 일을 수행한다는 사실도 매우 명확해진다.

매크로의 사용을 권장하는 게 아니라는 사실에 유의하여라. 사실 매크로는 코드를 다
소 혼란스럽게 만들고 미세한 버그를 낳기 때문에 우리는 매크로의 사용을 자제하는
편이다. 하지만 이 예처럼 때에 따라선 매크로가 간단한 사용과 코드 가독성에 도움을
주기도 한다.

이 장에서는 파악하기 어려운 거대한 표현을 잘게 쪼개서 코드를 읽는 사람이 더 쉽게 소화하는 방법을 몇 가지 알아보았다.

한 가지 간단한 테크닉은 커다란 하위표현을 대체하는 '설명 변수'를 도입하는 것이다. 이 방법에는 세 가지 장점이 있다.

- 거대한 표현을 작은 조각으로 나눈다.
- 하위표현을 간결한 이름으로 대체하여 코드를 문서화한다.
- 코드를 읽는 사람이 코드의 핵심 '개념'을 파악하는 것을 돕는다.

또 다른 테크닉은 드모르간의 법칙을 사용하는 것이다. 이는 불리언 표현을 더 명확한 방식으로 재작성하게 도와준다(예를 들어 if (!(a && !b))를 if (!a || b)로 다시 쓴다).

복잡한 논리적 조건들이 "if (a < b)..."와 같은 작은 구문으로 나누어지는 예도 살펴보았다. 사실 이번 장에서 본 모든 개선된 코드는 if 문에 두 개 이상의 값을 가지고 있지 않다. 이 정도가 이상적이다. 하지만 항상 가능한 것은 아니다. 때로는 문제의 의미를 '거꾸로 부정'하거나 혹은 의도한 목적의 반대편을 생각해볼 필요도 있다.

끝으로 개별적인 표현을 잘게 쪼개는 방법은, 커다란 코드의 블록을 쪼개는 데에도 적용될 수 있다. 따라서 복잡하게 보이는 논리를 만나면 잘게 쪼개는 일을 두려워하지 말라.

삼륜서커스 달인의 집

9

변수와 가독성

이 장에서는 변수를 엉터리로 사용하면 코드를 이해하기가 얼마나 어려워지는 살펴볼 것이다.

특히 세 가지 문제가 있다.

1 변수의 수가 많을수록 기억하고 다루기 더 어려워진다.
2 변수의 범위가 넓어질수록 기억하고 다루는 시간이 더 길어진다.
3 변수값이 자주 바뀔수록 현재값을 기억하고 다루기가 더 어려워진다.

9장에서는 이러한 문제를 다루는 방법을 알아볼 것이다.

변수 제거하기

8장 '거대한 표현을 잘게 쪼개기'에서 '설명 변수'나 '요약 변수'로 코드의 가독성을 높이는 방법을 알아보았다. 이러한 변수는 거대한 표현을 잘게 쪼개고, 코드를 마치 작은 문서처럼 보이게 하므로 도움을 준다.

이번 절에서는 가독성에 도움되지 않는 변수를 제거하는 방법을 알아볼 것이다. 이러한 변수를 제거하면 새로운 코드는 더 간결하고 이해하기 쉬워진다.

앞으로 불필요한 변수가 포함된 몇몇 예를 보여줄 것이다.

불필요한 임시 변수들

다음 파이썬 코드에서 now 변수를 생각해보자.

```
now = datetime.datetime.now()
root_message.last_view_time = now
```

now 변수가 꼭 필요한가? 그렇지 않다. 이유는 다음과 같다.

- 복잡한 표현을 잘게 나누지 않는다.
- 명확성에 도움이 되지 않는다. datetime.datetime.now()는 그 자체로 명확하다.
- 한 번만 사용되어 중복된 코드를 압축하지 않는다.

now가 없어도 코드를 쉽게 이해할 수 있다.

```
root_message.last_view_time = datetime.datetime.now()
```

now 같은 변수는 코드 수정 후 우연히 남겨진 '부산물'인 경우가 많다. 원래 now는 코드의 여러 곳에서 사용되었을 가능성이 있다. 아니면 프로그래머는 now 변수가 나중에 여러 곳에서 사용될 거라고 예상했으나 실제로는 그렇지 않았을 수도 있다.

중간 결과 삭제하기

다음은 배열에서 어떤 값을 제거하는 자바스크립트 함수다.

```
var remove_one = function (array, value_to_remove) {
    var index_to_remove = null;
    for (var i = 0; i < array.length; i += 1) {
        if (array[i] === value_to_remove) {
            index_to_remove = i;
            break;
        }
    }
    if (index_to_remove !== null) {
        array.splice(index_to_remove, 1);
    }
};
```

변수 index_to_remove는 단지 중간 결과를 저장할 뿐이다. 이러한 변수는 결과를 얻자마자 곧바로 처리하는 방식으로 제거할 수 있다.

```
var remove_one = function (array, value_to_remove) {
    for (var i = 0; i < array.length; i += 1) {
      if (array[i] === value_to_remove) {
          array.splice(i, 1);
          return;
        }
      }
};
```

코드 중간에 반환하여 index_to_remove를 완전히 제거하니 더 간단한 코드가 되었다.

할 수만 있다면 이처럼 함수를 최대한 빨리 반환하는 게 좋다.

흐름 제어 변수 제거하기

때로는 루프에서 다음과 같은 패턴을 만나기도 한다.

```
boolean done = false;

while (/* 조건 */ && !done) {
    ...

    if (...) {
        done = true;
        continue;
    }
}
```

심지어 변수 done의 값은 루프 내부의 여러 장소에서 true로 설정되기도 한다.

이런 코드는 대개 "루프를 중단하고 밖으로 나오면 안 된다"는 어떤 감춰진 규칙을 만족시킬 때 사용된다. 하지만 그런 규칙은 존재하지 않는다!

done과 같은 변수를 우리는 '흐름 제어 변수'라고 부른다. 이들의 목적은 순수하게 프로그램의 실행과 관련된 방향을 설정하는 데 있다. 이는 실제 프로그램 데이터를 저장하지 않는다. 경험에 따르면 이러한 흐름 제어 변수는 프로그램의 구조를 잘 설계하면 제거할 수 있다.

```
while (/* 조건 */) {
    ...
    if (...) {
        break;
    }
}
```

위 예제는 수정하기 무척 쉽다. 하지만 중첩된 여러 루프 때문에 break가 추가로 필요하다면 어떻게 해야 할까? 더 복잡하면 루프 안에서 반복되는 코드를 새로운 함수로 만들면 된다(루프 안에 있는 코드나 루프 전체를 함수로 만들 수 있다).

> ## 동료들이 항상 인터뷰를 받는다고 느끼길 바라는가?
>
> 마이크로소프트의 에릭 브레흐너는 훌륭한 인터뷰 질문은 최소한 변수 세 개를 포함해야 한다[1]고 말했다. 변수 세 개를 제시하면 인터뷰 당사자가 열심히 고민하게 되기 때문이다! 이 방식이 인터뷰에서는 효과적이겠지만 코드에서도 그럴까? 여러분의 동료들이 자신의 코드를 읽으면서 마치 인터뷰를 받는다고 느끼길 바라는가?

변수의 범위를 좁혀라

"전역 변수를 피하라"는 조언을 한번쯤 들었을 것이다. 전역 변수는 어디에서 어떻게 사용되는지 일일이 확인하기 어려우므로 이는 합당한 조언이다. 또한, 전역 변수의 이름과 지역 변수의 이름이 중복되어 이름공간^{namespace}이 더러워질 수도 있고, 어떤 코드가 지역 변수를 변경할 때 실수로 전역 변수를 변경하거나 혹은 그 반대의 경우가 일어날 수도 있으므로 타당하다.

사실 전역 변수뿐만 아니라 모든 변수의 '범위를 좁히는 일'은 언제나 좋다.

핵심 아이디어 **변수가 적용되는 범위를 최대한 좁게 만들어라.**

많은 프로그래밍 언어는 모듈, 클래스, 함수, 블록 범위 같은 다양한 범위/접근 수준을 제공한다. 더 제한적인 접근을 이용하면 변수가 더 적은 줄 내에서만 '보이므로' 일반적으로 더 좋다.

---

1 역자주_에릭 브레흐너 「I.M. Wright's "Hard Code"」(MicrosoftPress, 2007년, 166쪽)

왜 그럴까? 바로, 코드를 읽는 사람이 한꺼번에 생각해야 하는 변수 수를 줄여주기 때문이다. 모든 변수의 범위를 두 배로 축소시키면, 한 번에 읽어야 하는 변수의 수는 평균적으로 반으로 줄어든다.

예를 들어 다음과 같은 두 메소드에서 멤버 변수 하나를 사용하는 매우 커다란 클래스가 있다고 하자.

```
class LargeClass {
  string str_;

  void Method1() {
    str_ = ...;
    Method2();
  }

  void Method2() {
    // Uses str_
  }
  // str_을 이용하지 않는 다른 메소드들...
};
```

클래스 멤버 변수는 어떤 의미에서 해당 클래스 내에 존재하는 미니 전역 변수다. 특히 커다란 클래스는 모든 멤버 변수를 일일이 기억하거나 어느 메소드가 값을 변경하는지 알기 어렵다. 이러한 미니 전역 변수도 적을수록 더 좋다.

이 경우에는 str_을 지역 변수로 '강등'시키는 편이 좋다.

```
class LargeClass {
  void Method1() {
    string str = ...;
    Method2(str);
  }
  void Method2(string str) {
    // str를 이용한다.
  }

  // 이제 다른 메소드는 str을 볼 수 없다.
};
```

많은 메소드를 정적 static으로 만들어서 클래스 멤버 접근을 제한해라. 가급적 정적 메소드는 코드를 읽는 사람에게 '이 코드는 변수들로부터 독립적'이라는 사실을 알려주는 매우 좋은 방법이다.

또는 커다란 클래스를 여러 작은 클래스로 나누는 방법도 있다. 이 방법은 작은 클래스들이 서로 독립적일 때 유용하다. 만약 클래스를 두 개의 작은 클래스로 나누었는데 서로의 멤버를 참조한다면, 실제로 성취한 일은 아무 것도 없게 된다.

커다란 파일을 작은 여러 개의 파일로 나누거나, 아니면 커다란 함수를 여러 개의 작은 함수로 나눌 때도 마찬가지다. 이렇게 하는 목적은 데이터, 즉 변수를 서로 분리하는 데 있기 때문이다.

하지만 언어에 따라서 범위 구성이 조금씩 다를 수 있다. 변수의 범위와 관련된 흥미로운 규칙을 짚고 넘어갈 필요가 있다.

C++에서 if문의 범위

다음과 같은 C++ 코드가 있다고 하자.

```
PaymentInfo* info = database.ReadPaymentInfo();
if (info) {
    cout << "User paid: " << info->amount() << endl;
}

// 아래에 더 많은 줄이 있다...
```

변수 info는 함수의 나머지 범위에 포함되었을 것이다. 따라서 이 코드를 읽는 사람은 info가 나중에 사용되는지, 사용된다면 어떻게 사용되는지 궁금해 하면서 일단 기억할 것이다. 하지만 이 경우에 info는 단지 if문 안에서만 사용될 뿐이다. C++에서는 이러한 info를 조건문 표현으로 나타낼 수 있다.

```
if (PaymentInfo* info = database.ReadPaymentInfo()) {
    cout << "User paid: " << info->amount() << endl;
}
```

이제 코드를 읽는 사람은 info가 속한 범위에서 빠져 나오는 순간 더 이상 info을 생각하지 않아도 된다.

자바스크립트에서 프라이빗 변수 만들기

함수 하나에서만 사용되는 전역 변수가 있다고 해보자.

```javascript
submitted = false; // 주의: 전역 변수다.

var submit_form = function (form_name) {
    if (submitted) {
        return; // 폼을 두 번 제출하지 말라.
    }
    ...
    submitted = true;
};
```

submitted와 같은 전역 변수는 코드를 읽는 사람에게 고민을 안겨 줄 것이다. submit_form()만이 submitted를 사용하는 유일한 함수처럼 보이지만, 확실히 알 수는 없다. 다른 자바스크립트 파일에서 이와는 다른 목적으로 submitted라는 이름이 붙은 전역 변수를 사용할 지도 모르는 일이다!

submitted 변수를 클로저^{closure} 내부에 집어넣어 이러한 문제를 해결할 수 있다.

```javascript
var submit_form = (function () {
    var submitted = false; // 주의: 아래에 있는 함수만 접근할 수 있다.

    return function (form_name) {
        if (submitted) {
            return; // 폼을 두 번 제출하지 말라.
        }
        ...
        submitted = true;
    };
}());
```

마지막 줄에 있는 괄호에 주목하라. 익명의 바깥 함수는 즉각적으로 실행되고 내부의 함수를 반환한다.

이러한 테크닉을 본 적이 없다면 매우 이상하게 보일 수도 있다. 이는 실제적으로 내부 함수만 접근할 수 있는 일종의 '프라이빗'한 범위를 만드는 효과를 갖는다. 이제 코드를 읽는 사람은 submitted가 다른 장소에서 사용되는지 고민거나, 똑같은 이름의 다른 전역 변수를 염려할 필요가 없다(이러한 테크닉에 대해서 더 알고 싶으면 『더글라스 크 락포드의 자바스크립트 핵심 가이드』(한빛미디어, 2008)를 보라).

자바스크립트 전역 범위

자바스크립트에서 변수를 정의할 때 키워드 var를 생략하면 (즉, var x = 1 대신 x = 1이라고 하면) 해당 변수는 전역 변수로 모든 자바스크립트 파일과 〈script〉 블록에서 접근할 수 있다. 다음 예를 살펴보자.

```
<script>
    var f = function () {
        // 위험: 'i'는 'var'와 함께 선언되지 않았다!
        for (i = 0; i < 10; i += 1) ...
    };

    f();
</script>
```

이 코드는 i를 부주의하게 전역적인 범위에 넣고 있다. 따라서 나중에 오는 블록이 여전히 그 변수를 볼 수 있다.

```
<script>
    alert(i); // '10'을 나타낸다. 'i'가 전역 변수이기 때문이다!
</script>
```

많은 프로그래머가 이 같은 범위와 관련된 규칙을 모르고 있다. 그래서 이러한 뜻밖의 행위가 이상한 버그를 만들어낸다. 두 개의 함수가 똑같은 이름을 가진 지역 변수를 선언하는데 어느 하나가 var 키워드를 사용하는 것을 잊으면 이러한 버그가 발생한다. 이런 함수는 아무도 모르게 서로 '대화'를 나누는 것이며, 이러한 사실을 모르는 가엾은 프로그래머는 컴퓨터가 해킹되었거나 RAM이 고장 났다고 여기게 된다.

일반적으로 자바스크립트에서 '최선의 실전방법'은 **변수를 항상 var 키워드와 함께 선언하**

는 것(예. var x = 1)이다. 이렇게 하면 변수의 범위를 선언된 (가장 안쪽의) 함수 내부로 국한시킨다.

파이썬과 자바스크립트에는 없는 중첩된 범위

C++나 자바 같은 언어는 선언된 변수의 범위를 if, for, try 혹은 그와 비슷하게 중첩된 블록 안으로 제한하는 블록 범위가 있다.

```
if (...) {
    int x = 1;
}
x++; // 컴파일 에러! ‘x’는 정의되지 않았다.
```

하지만 파이썬이나 자바스크립트는 블록 안에서 정의된 변수가 전체 함수로 ‘흘러나온다’. 완벽해 보이는 파이썬 예제 코드에서 example_value가 사용되는 모습을 확인해보자.

```
# 이 지점까지는 example_value를 사용하지 않는다.
if request:
  for value in request.values:
      if value > 0:
          example_value = value
          break

for logger in debug.loggers:
    logger.log("Example:", example_value)
```

범위에 대한 이러한 규칙은 많은 프로그래머를 당황스럽게 만들고, 코드를 읽기 어렵게 한다. 다른 언어에서는 example_value가 처음으로 정의된 장소가 어디인지 확인하는 게 어렵지 않을 것이다. 현재 위치한 함수의 왼쪽 경계선을 따라서 올라가면 찾을 수 있다.

앞서 살펴본 예는 심지어 버그도 있다. 만약 example_value가 코드의 첫 번째 부분에서 값이 설정되지 않으면, 두 번째 부분은 “NameError: ‘example_value’ is not defined.’라는 예외를 발생시킨다. ‘가장 인접한 공통 조상$^{closest\ common ancestor}$’에 example_value를 정의하여 이러한 문제를 수정하고 코드의 가독성을 높일 수 있다.

```
example_value = None

if request:
    for value in request.values:
        if value > 0:
            example_value = value
            break

if example_value:
    for logger in debug.loggers:
        logger.log("Example:", example_value)
```

하지만 이 예제에서 example_value를 완전히 제거할 수도 있다. example_value는 135페이지에 있는 '중간 결과 삭제하기'에서 보았던 것처럼 단지 중간 결과값을 저장할 뿐이다. 이러한 변수는 '작업를 최대한 일찍 끝마치는' 방법으로 완전히 제거할 수 있다. 이 예제는 예제값^{example value}을 발견하는 즉시 출력한다.

수정한 코드는 다음과 같다.

```
def LogExample(value):
    for logger in debug.loggers:
        logger.log("Example:", value)

if request:
    for value in request.values:
        if value > 0:
            LogExample(value) # 'value'를 즉시 처리한다.
            break
```

정의를 아래로 옮기기

원래 C 프로그래밍 언어는 모든 변수의 정의가 함수나 블록의 윗부분에서 이루어진다. 이러한 방식은 특히 많은 변수를 가지고 있는 긴 함수일 때 코드를 읽는 사람에게 지금 당장 사용되지 않는 변수조차 일단 염두에 두게 강제하므로 좋지 않다(훗날 C99와 C++는 이러한 요구사항을 철회했다). 다음 코드 예는 모든 변수를 순진하게도 함수의 시작 부분에서 정의하고 있다.

```
def ViewFilteredReplies(original_id):
    filtered_replies = []
    root_message = Messages.objects.get(original_id)
    all_replies = Messages.objects.select(root_id=original_id)
    root_message.view_count += 1
    root_message.last_view_time = datetime.datetime.now()
    root_message.save()

    for reply in all_replies:
        if reply.spam_votes <= MAX_SPAM_VOTES:
            filtered_replies.append(reply)

    return filtered_replies
```

이러한 코드는 코드를 읽는 사람이 한꺼번에 세 개의 변수를 생각하면서 그 사이에서 왔다갔다 하게 만드는 문제가 있다. 코드를 읽는 사람은 이러한 변수를 당장 염두에 둘 필요가 없으므로, 각각의 정의를 실제로 사용하기 바로 직전 위치로 옮기는 게 좋다.

```
def ViewFilteredReplies(original_id):
    root_message = Messages.objects.get(original_id)
    root_message.view_count += 1
    root_message.last_view_time = datetime.datetime.now()
    root_message.save()

    all_replies = Messages.objects.select(root_id=original_id)
    filtered_replies = []
    for reply in all_replies:
        if reply.spam_votes <= MAX_SPAM_VOTES:
            filtered_replies.append(reply)

    return filtered_replies
```

위 예제에서 all_replies가 꼭 필요한 변수인지 궁금할 것이다. 혹은 다음과 같이 이를 제거할 수 있을지도 궁금할 것이다.

```
for reply in Messages.objects.select(root_id=original_id):
    ...
```

이 경우는 all_replies가 상당히 괜찮은 설명을 제공하는 변수이므로, 그대로 두기로 결정했다.

값을 한 번만 할당하는 변수를 선호하라

우리는 지금까지 수많은 변수가 '사용되면' 프로그램을 읽기가 어떻게 어려워지는지 살펴보았다. 변수들의 값이 변한다면 프로그램을 따라가는 일은 더욱 어려워진다. 변수 값을 일일이 기억하려면 추가적인 어려움이 야기되기 때문이다.

이러한 문제를 해결하기 위해서 조금 이상하게 들릴 수 있는 제안을 하고자 한다. 값을 한 번만 할당하는 변수를 선호하라는 것이다.

값이 '영원히 고정된' 변수는 생각하기 더 편하다. 다음과 같은 상수는

```
static const int NUM_THREADS = 10;
```

코드를 읽는 사람에게 별다른 추가적인 생각을 요구하지 않는다. 이와 같은 이유로 C++에서 const 사용을, 자바에서 final 사용을 권장한다.

사실 파이썬과 자바를 포함한 많은 언어에서 string과 같은 내부 타입들은 불변^{immutable} 이다. 자바 창시자인 제임스 고슬링이 말한 바처럼 "불변 값들은 문제로부터 자유롭다".

하지만 변수에 값을 한 번만 할당하게 할 수 없더라도, 최대한 적은 횟수로 변하게 하는 일은 여전히 도움이 된다.

핵심 아이디어 **변수값이 달라지는 곳이 많을수록 현재값을 추측하기 더 어려워진다.**

그럼 어떻게 해야 할까? 변수값이 한 번만 할당되게 하려면 어떻게 해야 할까? 다음 예처럼 코드 구조를 변경하면 대부분 해결할 수 있다.

마지막 예

이 장의 마지막 예로, 지금까지 이 장에서 논의한 원리를 모두 한꺼번에 나타내는 예를 사용할 것이다. 다음과 같이 순서대로 정렬된 여러 개의 입력 텍스트 필드를 가지는 웹 페이지가 있다고 하자.

```
<input type="text" id="input1" value="Dustin">
<input type="text" id="input2" value="Trevor">
<input type="text" id="input3" value="">
<input type="text" id="input4" value="Melissa">
...
```

보는 바와 같이 id는 input1에서 시작해서 값이 증가한다.

이제 여러분이 할 일은 문자열을 받아들여서 페이지에 있는 텍스트 필드 중 첫 번째로 비어 있는 〈input〉에 집어넣는 함수인 setFirstEmptyInput()을 작성하는 것이다(위 예제에서 첫 번째로 비어있는 〈input〉은 "input3"이다). 함수는 변경된 DOM 요소를 또는 비어 있는 input이 없으면 null을 반환한다. 다음은 그와 같은 일을 수행하되, 이 장에서 논의했던 원리를 적용하지 않는 코드 예다.

```
var setFirstEmptyInput = function (new_value) {
    var found = false;
    var i = 1;
    var elem = document.getElementById('input' + i);
    while (elem !== null) {
        if (elem.value === '') {
            found = true;
            break;
        }
        i++;
        elem = document.getElementById('input' + i);
    }
    if (found) elem.value = new_value;
    return elem;
};
```

이 코드는 필요한 일을 수행하지만 별로 아름답지 않다.

이 코드에는 문제가 있다. 어떻게 개선할 수 있을까?

개선하는 방법은 여러 가지가 있는데, 우리는 코드가 사용하는 변수의 관점에서 접근할 것이다.

- var found
- var i
- var elem

앞의 변수 세 개가 존재하는 범위는 함수 전체며 여러 차례 값이 변경된다. 각각의 변수를 개선하는 방법을 살펴보도록 하자.

이 장의 앞에서 설명한 바와 같이 found처럼 중간 결과값을 저장하는 변수는 중간에 반환하는 전략으로 제거할 수 있다. 다음은 이런 방법으로 개선한 코드다.

```
var setFirstEmptyInput = function (new_value) {
    var i = 1;
    var elem = document.getElementById('input' + i);
    while (elem !== null) {
        if (elem.value === '') {
            elem.value = new_value;
            return elem;
```

```
        }
        i++;
        elem = document.getElementById('input' + i);
    }
    return null;
};
```

다음은 elem을 살펴보자. 이 변수는 저장하는 값이 무엇인지 기억하기 쉽지 않게끔 매우 '반복적인' 방식으로 코드 전체에 여러 번 사용되었다. 마치 우리가 루프를 반복하려고 사용하는 값이 실제로 값이 증가하는 i가 아니라 elem인 것처럼 보일 정도다. 따라서 코드에서 사용된 while 루프가 i를 이용하는 for 루프로 바뀌게 코드의 구조를 바꿔보자.

```
var setFirstEmptyInput = function (new_value) {
    for (var i = 1; true; i++) {
        var elem = document.getElementById('input' + i);
        if (elem === null)
            return null; // 찾기가 실패. 비어있는 input이 없다.

        if (elem.value === '') {
            elem.value = new_value;
            return elem;
        }
    }
};
```

이 코드에서 elem 범위가 루프의 안쪽으로 국한되었으며 값이 한 번만 할당되는 변수로 기능하고 있음에 주목하라. for루프의 조건으로 true를 사용하는 게 흔한 일이 아니지만, 그렇게 함으로써 i의 정의와 i의 값을 변경하는 구문을 한 줄에 담을 수 있다(전통적으로 많이 사용하는 while(true)도 사용할 수 있다).

요약

이 장에서는 프로그램에서 사용되는 변수가 얼마나 빠르게 늘어나는지, 때문에 기억하는 일이 얼마나 힘들어지는지 살펴보았다. 프로그램에서 변수를 덜 사용하고, 최대한 '가볍게' 만들어 코드의 가독성을 높일 수 있다. 다음은 핵심 내용이다.

- 방해되는 **변수를 제거하라**. 결과를 즉시 처리하는 방식으로 '중간 결과값'을 저장하는 변수를 제거하는 몇 가지 예를 살펴보았다.
- **각 변수의 범위를 최대한 작게 줄여라**. 각 변수의 위치를 옮겨서 변수가 나타나는 줄의 수를 최소화하라. 눈에 보이지 않으면 마음에서 멀어지는 법이다.
- **값이 한 번만 할당되는 변수를 선호하라**. 값이 한 번만 할당되는 (const, final, 혹은 다른 방식으로 값이 불변인) 변수는 훨씬 이해하기 쉽다.

THREE

코드 재작성하기

2부에서는 프로그램의 '루프와 논리'를 변경해서 코드의 가독성을 높이는 방법을 살펴보았다. 또한, 프로그램의 구조를 사소한 수준에서 변경하는 몇 가지 기법도 알아보았다.

3부에서는 코드를 전체적으로 함수 수준에서 변경하는 방법을 살펴볼 것이다. 특히 우리는 코드를 재작성하는 세 가지 방법을 논의할 것이다.

- 프로그램의 주된 목적과 부합하지 않는 '상관없는 하위문제'를 추출하라.
- 코드를 재배열하여 한 번에 한 가지 일만 수행하게 하라.
- 코드를 우선 단어로 묘사하고, 이 묘사를 이용하여 깔끔한 해결책을 발견하도록 하라.

끝으로 우리는 코드를 완전히 지울 수 있는 상황, 혹은 그런 코드를 아예 처음부터 작성하지 않을 수 있는 상황을 논의할 것이다. 가독성을 가장 높일 수 있는 최상의 방법은 코드를 아예 없애는 것이다.

10

상관없는 하위문제 추출하기

엔지니어링은 커다란 문제를 작은 문제들로 쪼갠 다음, 각각의 문제에 대한 해결책을 구하고, 다시 하나의 해결책으로 맞추는 일련의 작업을 한다. 이러한 원리를 코드에 적용하면 코드가 더 튼튼해지며 가독성도 좋아진다.

이 장에서 말하는 조언은 큰 흐름과 관계가 적은 하위문제를 적극적으로 발견해서 추출하라는 것이다. 이 말이 의미하는 바는 다음과 같다.

1 주어진 함수나 코드 블록을 보고, 스스로에게 질문하라 "상위수준에서 본 이 코드의 목적은 무엇인가?".

2 코드의 모든 줄에 질문을 던져라 "이 코드는 직접적으로 목적을 위해서 존재하는가? 혹은 목적을 위해서 필요하긴 하지만 목적 자체와 직접적으로 상관없는 하위문제를 해결하는가?".

3 만약 상당히 원래의 목적과 직접적으로 관련되지 않은 하위문제를 해결하는 코드 분량이 많으면, 이를 추출해서 별도의 함수로 만든다.

코드를 추출해서 별도의 함수를 만드는 일은 어쩌면 여러분 본연의 업무일 것이다. 하지만 이 장은 전체 목적과 직접 상관없는 하위문제를 코드에서 추출하는 방법만 다룬다. 이렇게 추출된 코드는 자신이 호출되는 이유를 알면 안 된다.

이 방법은 쉽게 적용할 수 있으면서도 실질적으로 코드를 개선시킨다. 하지만 무슨 이유에서인지 프로그래머들은 이를 충분히 활용하지 않는다. 핵심은 전체 목적에 직접 상관없는 하위문제를 다루는 코드를 적극적으로 찾으려고 노력하는 것이다.

이번 장에서는 여러분이 만날지도 모르는 다양한 상황에서 이러한 기법을 사용하는 방법을 살펴볼 것이다.

소개를 위한 예: findClosestLocation()

다음 자바스크립트 코드의 상위수준 목적은 주어진 점과 가장 가까운 장소를 찾는 것이다(이탤릭체로 표시된 복잡한 기하학 문제는 자세히 알 필요가 없다).

```javascript
// 'array'의 어느 요소가 주어진 위도/경도에 가장 가까운지 찾아서 반환한다.
// 지구를 완전한 구로 모델링한다.
var findClosestLocation = function (lat, lng, array) {
    var closest;
    var closest_dist = Number.MAX_VALUE;
```

```
    for (var i = 0; i < array.length; i += 1) {
        // 두 점 모두를 라디안으로 변환한다.
        var lat_rad = radians(lat);
        var lng_rad = radians(lng);
        var lat2_rad = radians(array[i].latitude);
        var lng2_rad = radians(array[i].longitude);

        // '코사인의 특별법칙' 공식을 사용한다.
        var dist = Math.acos(Math.sin(lat_rad) * Math.sin(lat2_rad) +
                            Math.cos(lat_rad) * Math.cos(lat2_rad) *
                            Math.cos(lng2_rad - lng_rad));

        if (dist < closest_dist) {
            closest = array[i];
            closest_dist = dist;
        }
    }
    return closest;
};
```

루프의 내부에 있는 코드는 대부분 주요 목적과 직접 상관없는 하위문제를 다룬다. 구(球) 위에 있는 두 개의 위도/경도 점 사이의 거리를 계산하는데, 이 내용의 분량이 꽤 많으니 spherical_distance()라는 별도의 함수로 추출하는 편이 좋다.

```
var spherical_distance = function (lat1, lng1, lat2, lng2) {
    var lat1_rad = radians(lat1);
    var lng1_rad = radians(lng1);
    var lat2_rad = radians(lat2);
    var lng2_rad = radians(lng2);

    // '코사인의 특별법칙' 공식을 사용한다.
    return Math.acos(Math.sin(lat1_rad) * Math.sin(lat2_rad) +
                    Math.cos(lat1_rad) * Math.cos(lat2_rad) *
                    Math.cos(lng2_rad - lng1_rad));
};
```

이제 원래 코드는 이렇게 변한다.

```
var findClosestLocation = function (lat, lng, array) {
    var closest;
```

```
    var closest_dist = Number.MAX_VALUE;
    for (var i = 0; i < array.length; i += 1) {
        var dist = spherical_distance(lat, lng, array[i].latitude, array[i].longitude);
        if (dist < closest_dist) {
            closest = array[i];
            closest_dist = dist;
        }
    }
    return closest;
};
```

코드를 읽는 사람은 밀도 높은 기하 공식에 방해받지 않고 상위수준의 목적에 집중할 수 있으니 전반적으로 코드의 가독성이 높아졌다.

뜻하지 않은 보너스도 있다. spherical_distance()는 독립적인 테스트도 더 용이하다. spherical_distance()는 나중에 재사용될 수 있는 종류의 함수다. 바로 이 때문에 이러한 함수가 '상관없는' 하위문제라고 불리는 것이다. 이는 그 자체로 완결되었으며 애플리케이션이 자기 자신을 어떻게 사용하는지는 알 필요가 없다.

순수한 유틸리티 코드

문자열 변경, 해시테이블 사용, 파일 읽기/쓰기와 같이 프로그램이 수행하는 일에는 매우 기본적인 작업을 포괄하는 핵심적인 집합이 있다.

이러한 '기본적인 유틸리티'는 해당 프로그래밍 언어에 내장된 라이브러리에 있다. 예를 들어 파일의 전체 내용을 읽으려면, PHP에서는 file_get_contents("filename")을, 파이썬에서는 open("filename").read()를 사용한다.

하지만 이러한 일을 스스로 구현할 때도 있다. 예를 들어 C++에는 파일 전체의 내용을 읽는 간단한 방법이 없다. 대신 다음과 같은 내용의 코드를 직접 작성해야 한다.

```
ifstream file(file_name);

// 파일 크기를 계산한다. 그리고 크기만큼의 버퍼를 할당한다.
file.seekg(0, ios::end);
const int file_size = file.tellg();
```

```
char* file_buf = new char [file_size];

// 파일 전체를 버퍼로 읽어 들인다.
file.seekg(0, ios::beg);
file.read(file_buf, file_size);
file.close();

...
```

이는 ReadFileToString()과 같이 별도의 함수로 추출되어야 하는 직접 상관없는 하위 문제를 다루는 함수의 전형적인 사례다.

"라이브러리에 XYZ()라는 함수가 있으면 좋겠어"라는 생각이 든다면 스스로 작성하라 (물론 그런 함수가 아직 존재하지 않는다면 말이다)! 이러한 과정으로 다른 프로젝트에 서도 사용할 수 있는 그럴듯한 유틸리티 코드 모음을 만들 수 있다.

일반적인 목적의 코드

자바스크립트를 디버깅할 때 프로그래머는 보통 alert()으로 일정한 정보를 출력하는 메시지 박스를 화면에 나타낸다. 이는 printf()를 이용한 디버깅의 웹 버전이다. 예를 들어 다음 함수는 Ajax를 이용해서 데이터를 서버에 제출하고, 서버가 반환한 데이터 딕셔너리^{dictionary}를 화면에 나타낸다.

```
ajax_post({
    url: 'http://example.com/submit',
    data: data,
    on_success: function (response_data) {
        var str = "{\n";
        for (var key in response_data) {
            str += " " + key + " = " + response_data[key] + "\n";
        }
        alert(str + "}");

        // 계속해서 'response_data'를 처리한다...
    }
});
```

이 코드의 상위수준 목적은 서버에 Ajax 호출을 하고 응답을 처리하는 것이다. 하지만 코드의 대부분이 이러한 목적과 직접 상관없는 하위문제, 즉 딕셔너리에 담긴 내용을 예쁘게 출력하는 일을 한다. 이러한 코드를 추출해서 어렵지 않게 format_pretty(obj) 함수로 만들어보자.

```
var format_pretty = function (obj) {
    var str = "{\n";
    for (var key in obj) {
        str += " " + key + " = " + obj[key] + "\n";
    }
    return str + "}";
};
```

뜻하지 않은 장점들

format_pretty()를 추출하면 장점이 많다. 함수를 호출하는 코드를 간단하게 만들고, format_pretty()를 다른 곳에서도 간편하게 사용할 수 있다.

그뿐만 아니라 눈에 뜨이지는 않지만 상당히 좋은 이유가 또 있다. 필요할 때 format_pretty() 함수를 훨씬 손쉽게 개선할 수 있다. 별도로 분리된 작은 함수를 다룰 때는 기능을 더하고, 가독성을 개선하고, 코너케이스를 다루는 일이 상대적으로 쉽게 느껴지기 때문이다.

format_pretty(obj)가 다루지 않는 기능은 다음과 같다.

- obj를 객체라고 간주한다. 문자열(혹은 undefined)이면 예외가 발생한다.
- obj의 값이 간단한 타입이라고 생각한다. 중첩된 객체면 현재 코드는 [object Object]라는 결과를 출력할 것이다(예쁘지도 않다).

format_pretty()를 독립적인 함수로 만들기 전에는, 위에서 언급한 개선을 구현하는 데 큰 노력이 들거라 우려될 것이다. 사실 별도의 함수 없이 중첩된 객체를 재귀적으로 출력하기는 매우 어렵다.

하지만 이제는 그런 기능을 더 쉽게 구현할 수 있다. 다음은 수정된 코드다.

```
var format_pretty = function (obj, indent) {
    // null이거나 정의되지 않은 문자열, 그리고 객체가 아닌 경우를 처리한다.
```

```
    if (obj === null) return "null";
    if (obj === undefined) return "undefined";
    if (typeof obj === "string") return '"' + obj + '"';
    if (typeof obj !== "object") return String(obj);

    if (indent === undefined) indent = "";

    // (null이 아닌) 객체를 처리한다.
    var str = "{\n";
    for (var key in obj) {
        str += indent + " " + key + " = ";
        str += format_pretty(obj[key], indent + " ") + "\n";
    }
    return str + indent + "}";
};
```

이는 방금 앞에서 언급한 문제점을 수정하였으므로, 다음과 같은 결과를 출력한다.

```
{
  key1 = 1
  key2 = true
  key3 = undefined
  key4 = null
  key5 = {
    key5a = {
      key5a1 = "hello world"
    }
  }
}
```

일반적인 목적을 가진 코드를 많이 만들어라

ReadFileToString()과 format_pretty()는 상관없는 하위문제를 다루는 대표적인 함수다. 이들은 매우 기본적이고 폭넓게 적용할 수 있는 일을 수행하므로 다른 프로젝트에서도 사용할 수 있다. 코드베이스는 종종 이와 같은 코드를 담아두는 (예를 들어 util/ 같은) 디렉터리를 따로 두고 있으므로 코드를 쉽게 공유할 수 있다.

일반적인 목적을 가진 코드는 프로젝트의 나머지 부분에서 완전히 분리되므로 좋다.

이러한 코드는 개발하고, 테스트하고, 이해하기도 쉽다. 여러분이 작성하는 코드가 모두 이런 식일 수만 있다면!

SQL 데이터베이스, 자바스크립트 라이브러리, HTML 템플릿 시스템과 같이 여러분이 사용하는 강력한 라이브러리와 시스템을 생각해보라. 이들의 내부는 염려할 필요가 없다. 이들 코드베이스는 여러분 프로젝트에서 완전히 분리되어 있다. 때문에 여러분의 코드베이스는 그만큼 작아질 수 있다.

프로젝트에서 사용하는 코드의 더 많은 부분이 이렇게 별도의 라이브러리로 만들어질수록 더 좋다. 코드의 나머지가 차지하는 크기가 그만큼 줄어들고 따라서 프로그래머가 생각해야 할 내용도 줄어들기 때문이다.

> ## 이는 하향식 프로그래밍인가? 아니면 상향식 프로그래밍인가?
>
> 하향식[top-down] 프로그래밍은 가장 상위수준의 모듈과 함수를 먼저 설계하고, 가장 하위수준의 기능은 높은 수준을 지원할 때 마다 구현하는 방식이다.
> 상향식[bottom-up] 프로그래밍은 모든 하위문제를 예상하고 구현한 다음, 이러한 조각을 이용해서 가장 상위수준의 컴포넌트를 만들어나간다.
> 이 장은 둘 중 어느 한 방식만을 권장하지는 않는다. 대부분의 프로그래밍은 두 가지 방식이 혼합된 형태이기 때문이다. 중요한 것은 하위문제들이 전체 코드에서 제거되고 독자적으로 처리된다는 사실이다.

특정한 프로젝트를 위한 기능

이상적인 상황이라면 여러분이 추출한 하위문제는 사용하는 프로젝트를 전혀 몰라야 한다. 하지만 그렇지 않아도 큰 상관은 없다. 하위문제를 분리하는 것만으로도 큰 도움이 되기 때문이다. 다음은 비즈니스 리뷰를 수행하는 웹사이트에서 가져온 실전 예제다. 이 파이썬 코드는 새로운 Business 객체를 만들고, name, url, date_created의 값을 설정한다.

```python
business = Business()
business.name = request.POST["name"]

url_path_name = business.name.lower()
url_path_name = re.sub(r"['\.]", "", url_path_name)
```

```
url_path_name = re.sub(r"[^a-z0-9]+", "-", url_path_name)
url_path_name = url_path_name.strip("-")
business.url = "/biz/" + url_path_name

business.date_created = datetime.datetime.utcnow()
business.save_to_database()
```

url은 name의 '정돈된' 버전이어야 한다. 예를 들어 name이 "A.C. Joe's Tire & Smog, Inc."일 때, url은 "/biz/ac-joes-tire-smog-inc"가 된다.

이 코드에서 전체 목적과 직접 상관없는 하위문제는 name을 유효한 url로 변환하는 일을 한다. 이 코드를 쉽게 추출할 수 있다. 그 작업을 수행하는 동안 우리는 정규표현식을 프리컴파일precompile할 수도 있다(그리고 거기에 그럴 듯한 이름을 붙인다).

```
CHARS_TO_REMOVE = re.compile(r"['\.]+")
CHARS_TO_DASH = re.compile(r"[^a-z0-9]+")

def make_url_friendly(text):
    text = text.lower()
    text = CHARS_TO_REMOVE.sub('', text)
    text = CHARS_TO_DASH.sub('-', text)
    return text.strip("-")
```

이제 원래 코드는 훨씬 더 '정규적인regular' 패턴을 갖게 되었다.

```
business = Business()
business.name = request.POST["name"]
business.url = "/biz/" + make_url_friendly(business.name)
business.date_created = datetime.datetime.utcnow()
business.save_to_database()
```

결과적으로 이 코드를 읽으면서 정규표현식이나 복잡한 문자열 처리를 신경 쓰지 않아도 되므로 코드의 가독성이 더 좋아졌다.

그럼 make_url_friendly()를 코드의 어디에 놓아야 할까? 이는 꽤 일반적인 목적을 가진 함수처럼 보인다. 따라서 util/ 디렉터리에 놓는 게 맞는 것처럼 생각된다. 한편 여기에서 사용되는 정규표현식은 미국의 회사 이름을 바탕으로 삼으므로 함수가 사용되는 장소에 그대로 두는 게 더 맞을 것 같다. 사실 함수를 어디에 놓는지는 큰 상관

이 없다. 필요하면 함수의 위치를 언제든지 옮길 수 있기 때문이다. 더 중요한 사실은
make_url_friendly()가 추출되었다는 사실 그 자체다.

기존의 인터페이스를 단순화하기

라이브러리가 깔끔한 인터페이스를 제공하면 누구나 좋아한다. 적은 수의 인수를 받
고, 별다른 설정을 요구하지 않으며, 사용하기 간편한 인터페이스가 좋다. 이러한 인터
페이스는 코드를 우아하게 만든다. 동시에 간단하고 강력하게 만들기도 한다.

하지만 자신이 사용하는 인터페이스가 이렇게 깔끔하지 않다면, 깔끔한 '덮개^{wrapper}'로
보완할 수 있다.

예를 들어 자바스크립트가 브라우저 쿠키를 다루는 방식은 전혀 이상적이지 않다. 개
념적으로 보면 쿠키는 이름/값 짝으로 이루어진다. 하지만 브라우저가 제공하는 인터
페이스는 다음과 같은 문법으로 된 하나의 document.cookie를 사용한다.

```
name1=value1; name2=value2; ...
```

필요한 쿠키를 찾으려면 이 거대한 문자열의 구문분석^{parse}을 직접 수행해야 한다. 다음
은 'max_results'라는 이름을 가진 쿠키의 값을 읽는 코드이다.

```
var max_results;
var cookies = document.cookie.split(';');
for (var i = 0; i < cookies.length; i++) {
    var c = cookies[i];
    c = c.replace(/^[ ]+/, ''); // 앞에 있는 빈칸을 제거한다.
    if (c.indexOf("max_results=") === 0)
        max_results = Number(c.substring(12, c.length));
}
```

정말 지저분한 코드다. 다음과 같이 사용할 수 있는 get_cookie() 함수를 만들어야 할
것처럼 보인다.

```
var max_results = Number(get_cookie("max_results"));
```

쿠키의 값을 생성하거나 변경하는 작업은 더욱 이상하다. document.cookie의 값을 정확한 문법에 따라서 설정해야 하는 것이다.

```
document.cookie = "max_results=50; expires=Wed, 1 Jan 2020 20:53:47 UTC; path=/";
```

이러한 구문은 다른 모든 쿠키의 값을 덮어쓸 것처럼 보이는데, 실제로는 마법처럼 그렇게 뚝딱 되지는 않는다!

쿠키를 설정하는 더 좋은 인터페이스는 다음과 같다.

```
set_cookie(name, value, days_to_expire);
```

쿠키를 제거하는 작업도 직관에 어긋난다. 쿠키가 과거에 만료^{expire}된 것처럼 억지로 설정해야 하기 때문이다. 이 방법보다는 다음과 같은 인터페이스가 더 낫다.

```
delete_cookie(name);
```

여기서 **이상적이지 않은 인터페이스를 그냥 받아들일 이유는 없다**는 교훈을 얻을 수 있다. 이런 인터페이스가 있으면 언제나 이를 둘러싸는 함수를 작성하여 지저분한 내부를 감출 수 있다.

자신의 필요에 맞춰서 인터페이스의 형태를 바꾸기

프로그램 안에 있는 많은 코드는 다른 코드를 지원하려고 존재한다. 예를 들어 함수에 주어지는 입력을 설정하거나 출력된 결과를 처리하는 일을 수행한다. 이와 같은 '접착^{glue}' 코드는 프로그램의 실제 논리와 별로 직접적인 관련이 없다. 이러한 코드는 따로 분리하여 독자적인 함수를 만들 만하다.

예를 들어 { "username": "...", "password": "..." }와 같이 민감한 사용자 정보를 담는 파이썬 딕셔너리가 있고, 이 안에 담긴 정보를 모두 URL로 구성한다고 하자. 이는 민감한 정보이므로 우선 Cipher 클래스로 이 딕셔너리를 암호화하기로 결정했다.

하지만 Cipher는 딕셔너리가 아니라 바이트로 이루어진 문자열이 입력되기 바란다.

또한 Cipher는 바이트로 이루어진 문자열을 반환하지만, 우리가 필요한 것은 URL로 이용할 수 있는 문자열이다. Cipher는 그밖에도 다른 몇 개의 추가적인 파라미터도 필요로 하므로 사용하기 매우 까다롭다.

간단한 일을 하려고 시작된 코드가 수많은 접착 코드^{glue code}로 확대된다.

```python
user_info = { "username": "...", "password": "..." }
user_str = json.dumps(user_info)
cipher = Cipher("aes_128_cbc", key=PRIVATE_KEY, init_vector=INIT_VECTOR,
                op=ENCODE)
encrypted_bytes = cipher.update(user_str)
encrypted_bytes += cipher.final() # 현재의 128 비트 블록을 읽어 들인다.
url = "http://example.com/?user_info=" + base64.urlsafe_b64encode
                                    (encrypted_bytes)
...
```

우리는 사용자의 정보를 암호화해서 URL에 넣으면 되는데, 이 코드의 대부분은 해당 파이썬 객체를 암호화해서 URL 친화적인 문자열로 바꾸고 있다. 따라서 그러한 하위 문제를 쉽게 추출할 수 있다.

```python
def url_safe_encrypt(obj):
    obj_str = json.dumps(obj)
    cipher = Cipher("aes_128_cbc", key=PRIVATE_KEY, init_vector=INIT_VECTOR,
                    op=ENCODE)
    encrypted_bytes = cipher.update(obj_str)
    encrypted_bytes += cipher.final() # 현재의 128 비트 블록을 읽어 들인다.
    return base64.urlsafe_b64encode(encrypted_bytes)
```

이렇게 하니 프로그램이 수행하는 본래의 논리가 간단해졌다.

```python
user_info = { "username": "...", "password": "..." }
url = "http://example.com/?user_info=" + url_safe_encrypt(user_info)
```

지나치게 추출하기

이 장의 앞에서 말했던 것처럼, 우리의 목적은 '상관없는 하위문제를 적극적으로 발견하고 추출하는' 것이다. 대부분의 프로그래머는 충분히 적극적이지 않기 때문에 '적극적'이라는 표현을 일부러 사용했다. 하지만 너무 흥분해서 지나친 수준으로 나아가는 일도 벌어질 수 있다.

예를 들어 바로 앞에서 보았던 코드를 더 잘게 쪼개서 다음과 같이 구성할 수도 있다.

```
user_info = { "username": "...", "password": "..." }
url = "http://example.com/?user_info=" + url_safe_encrypt_obj(user_info)

def url_safe_encrypt_obj(obj):
    obj_str = json.dumps(obj)
    return url_safe_encrypt_str(obj_str)

def url_safe_encrypt_str(data):
    encrypted_bytes = encrypt(data)
    return base64.urlsafe_b64encode(encrypted_bytes)

def encrypt(data):
    cipher = make_cipher()
    encrypted_bytes = cipher.update(data)
    encrypted_bytes += cipher.final() # 현재의 128 비트 블록을 읽어 들인다.
    return encrypted_bytes

def make_cipher():
    return Cipher("aes_128_cbc", key=PRIVATE_KEY, init_vector=INIT_VECTOR,
    op=ENCODE)
```

이렇게 자잘한 함수를 사용하면 오히려 가독성을 해친다. 사용자가 신경 써야 하는 내용이 늘어나고, 실행 경로를 추적하려면 코드의 곳곳을 돌아다녀야 하기 때문이다.

코드에 새로운 함수를 더하는 일에는 약간의 (분명히) 가독성 비용이 든다. 앞의 예는 이러한 비용을 뛰어넘을 만한 이득이 전혀 없으므로 오히려 가독성이 나빠진 것이다. 이러한 작은 함수들이 다른 프로젝트에서도 사용된다면 추출하는 것이 그리 나쁘지만은 않다. 하지만 그런 순간이 오기 전에는 그럴 필요가 없다.

요약

이 장에서 살펴본 내용을 한마디로 정리하면 **일반적인 목적의 코드를 프로젝트의 특정 코드에서 분리하라**는 것이다. 사실 생각보다 많은 코드가 일반적이다. 일반적인 문제를 해결하기 위한 라이브러리와 헬퍼 함수들로 이루어진 집합을 구성하면, 남아있는 코드는 여러분의 프로그램을 독특하게 만드는 작은 핵심에 불과할 것이다.

이러한 기법이 도움을 주는 주된 이유는 프로그래머들이 프로젝트의 나머지 부분에서 분리된, 크기가 작고, 잘 정의된 문제에 초점을 맞추기 때문이다. 결과적으로 이러한 하위문제의 해결책 자체가 더 완전하고 정확해질 가능성이 높아진다. 이러한 해결책은 추후에 다시 사용될 수도 있다.

추가적인 읽기

마틴 파울러의 『리팩토링: 존재하는 코드의 설계를 개선하기』[Refactoring: Improving the Design of Existing Code](파울러 등, Addison-Wesley Professional, 1999)는 '메소드 추출' 기법과 다양한 코드 리팩토링 방법을 설명한다.
켄트 벡의 『스몰토크 최선의 실전 패턴[Smalltalk Best Practice Patterns]』(Prentice Hall, 1996)은 코드를 잘게 쪼개서 수많은 함수로 구성하는 방법을 의미하는 '구성적 메소드 패턴[Composed Method Pattern]' 원리를 설명한다. 여기서 원리란 '모든 연산을 동일한 추상 수준의 메소드 안에 담기'를 말한다.
이러한 이야기는 우리의 조언인 10장 '상관없는 하위문제 추출하기'와 비슷하다. 우리가 이 장에서 논의한 것은 메소드를 언제 추출해야 하는지에 대한 간단하고 특수한 사례다.

11

한 번에 하나씩

한 번에 여러 가지 일을 수행하는 코드는 이해하기 어렵다. 코드 블록 하나에서 새로운 객체를 초기화하고, 데이터를 청소하고, 입력을 분석하고, 비즈니스 논리를 적용하는 일을 한꺼번에 수행하는 경우도 있다. 그러한 코드가 모두 한자리에 뒤섞이면 각각의 '작업task'이 별도로 시작되었다가 완료되는 경우보다 이해하기 어렵다.

한 번에 하나의 작업만 수행하게 코드를 구성해야 한다.

다시 말해서 이번 장은 코드를 '탈파편화defragmenting'하는 방법을 다룬다. 다음 그림은 이러한 과정을 보여준다. 왼쪽은 다양한 코드 조각이 뒤섞인 채 일을 수행하는 모습을 나타내고, 오른쪽은 코드가 한 번에 한 가지 작업만 수행하게 재정비된 후의 모습을 보여준다.

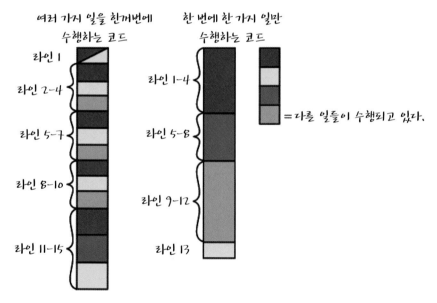

"함수는 오직 한 가지 작업만 수행해야 한다"는 조언을 들어 봤을 것이다. 우리의 조언도 이와 비슷하지만, 이러한 조언이 항상 함수 수준에 머물러야 하는 것은 아니다. 물론 커다란 함수를 여러 작은 함수로 나누는 것은 좋다. 하지만 그렇게까지 하지 않더라도 커다란 함수 안에 있는 코드를 재조직하여 그 안에 여러 개의 독자적인 논리적 영역이 있는 것처럼 만들 수 있다.

코드가 '한 번에 한 가지 일만' 수행하게 하는 절차는 다음과 같다.

1 코드가 수행하는 모든 '작업'을 나열한다. 우리는 '작업'이란 단어를 매우 유연하게 사용한다. 이는 "이 객체가 정상적으로 존재하는지 확인하라"처럼 작은 일일 수도 있고, "트리 안에 있는 모든 노드를 방문하라"처럼 모호한 일일 수도 있다.

2 이러한 작업을 분리하여 서로 다른 함수로 혹은 적어도 논리적으로 구분되는 영역에 놓을 수 있는 코드로 만들어라.

이 장에서 이렇게 할 수 있는 여러 가지 예를 살펴볼 것이다.

작업은 작을 수 있다

블로그 사용자가 댓글에 '추천'과 '반대' 의사표시를 할 수 있는 투표 도구가 있다고 해 보자. 어떤 댓글의 전체 점수^{score}는 모든 득표의 합으로 계산된다. '추천'은 +1점이고 '반대'는 −1점이다.

사용자가 선택할 수 있는 세 가지 경우의 수와 전체 점수에 미치는 영향은 다음과 같다.

  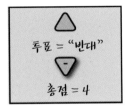

사용자가 추천을 하거나 이미 선택한 추천을 변경하려고 버튼 중 하나를 누르면, 다음과 같은 자바스크립트 코드가 호출된다.

```
vote_changed(old_vote, new_vote); // 각 투표는 '추천', '반대' 혹은 ''이다.
```

이 함수는 전체 점수를 변경하는데 old_vote와 new_vote의 어떤 조합에도 정상 동작한다.

```
var vote_changed = function (old_vote, new_vote) {
    var score = get_score();

    if (new_vote !== old_vote) {
```

```
        if (new_vote === 'Up') {
            score += (old_vote === 'Down' ? 2 : 1);
        } else if (new_vote === 'Down') {
            score -= (old_vote === 'Up' ? 2 : 1);
        } else if (new_vote === '') {
            score += (old_vote === 'Up' ? -1 : 1);
        }
    }
    set_score(score);
};
```

비록 코드의 길이는 짧지만 많은 일을 수행한다. 매우 상세한 내용을 포함하므로 눈으로 미세한 에러, 오자, 혹은 다른 버그가 숨어 있는지 확인하기 어렵다.

코드는 점수를 변경하는 한 가지 일만 수행하는 듯하지만, 사실은 한 번에 두 가지 일을 한다.

1 old_vote와 new_vote가 수치값으로 '해석'된다.

2 점수가 변경된다.

각각의 작업을 분리하여 코드를 더 읽기 편하게 만들 수 있다. 다음 코드는 투표를 수치값으로 해석하는 첫 번째 작업을 한다.

```
var vote_value = function (vote) {
    if (vote === 'Up') {
        return +1;
    }
    if (vote === 'Down') {
        return -1;
    }
    return 0;
};
```

이제 코드의 나머지 부분은 전체 점수를 변경하는 두 번째 작업을 해결할 수 있다.

```
var vote_changed = function (old_vote, new_vote) {
    var score = get_score();

    score -= vote_value(old_vote); // 이전 값을 제거한다.
    score += vote_value(new_vote); // 새 값을 더한다.
```

```
    set_score(score);
  };
```

보다시피 새로운 코드가 정상적으로 작동하는지 확인하는 정신적 노동은 이전보다 훨씬 적다. 바로 이것이 '이해하기 쉬운' 코드를 만드는 핵심이다.

객체에서 값 추출하기

우리는 앞에서 사용자의 장소를 "Santa Monica, USA" 또는 "Paris, France"와 같이 "도시, 나라" 포맷으로 만드는 자바스크립트 코드를 보았다. 그때 여러 가지 구조적 정보를 담는 location_info라는 딕셔너리가 주어졌었다. 우리가 할 일은 모든 필드로부터 "도시"와 "나라"를 읽어 들인 다음 포맷에 따라 연결해서 붙이는 것이었다.

다음은 이러한 입력과 출력의 몇 가지 예를 보여준다.

location_info

LocalityName	"Santa Monica"
SubAdministrativeAreaName	"Los Angeles"
AdministrativeAreaName	"California"
CountryName	"USA"

"Santa Monica, USA"

지금까지는 쉬워 보인다. 하지만 문제는 이러한 네 개 값 중에서 일부 혹은 전체가 없을 수도 있다는 사실이다. 만약 그렇다면 다음 방법을 사용하자.

- '도시'를 선택할 때 값이 있으면 "LocalityName(도시/마을)"을 사용한다. 만약 값이 없으면 'SubAdministrativeAreaName(도시권/자치주)'를 사용하고, 그조차 없으면 'Administrative AreaName(주/영역)'을 사용한다.
- 만약 세 값이 모두 없으면, '도시'에 "Middle-of-Nowhere아무 곳도 아닌 곳"이라는 기본값을 준다.
- 만약 'CountryName'이 없으면, 기본값으로 "Planet Earth지구"라는 값을 준다.

다음은 비어 있는 값을 다루는 방법을 보여주는 두 가지 예다.

location_info	
LocalityName	(undefined)
SubAdministrativeAreaName	(undefined)
AdministrativeAreaName	(undefined)
CountryName	"Canada"

⬇

"Middle-of-Nowhere, Canada"

location_info	
LocalityName	(undefined)
SubAdministrativeAreaName	"Washington, DC"
AdministrativeAreaName	(undefined)
CountryName	"USA"

⬇

"Washington, DC, USA"

이 작업을 구현한 코드는 다음과 같다.

```
var place = location_info["LocalityName"]; // 예. "Santa Monica"
if (!place) {
   place = location_info["SubAdministrativeAreaName"]; // 예. "Los Angeles"
}
if (!place) {
   place = location_info["AdministrativeAreaName"]; // 예. "California"
}
if (!place) {
   place = "Middle-of-Nowhere";
}
if (location_info["CountryName"]) {
   place += ", " + location_info["CountryName"]; // 예. "USA"
} else {
   place += ", Planet Earth";
}

return place;
```

물론 이 코드는 보기에는 지저분하지만 잘 동작한다.

하지만 우리는 며칠 뒤에 기능을 개선할 필요성을 느꼈다. 미국 주소 체계 때문에 가능하다면 나라[country] 대신 주(州)[state]를 표시하고 싶은 것이다. 예를 들어 "Santa Monica, USA" 대신 "Santa Monica, California"를 반환하는 것이다.

앞에 있는 코드에 이러한 기능을 추가하면 지금보다 훨씬 더 지저분해질 것이다.

'한 번에 한 가지 일' 원리 적용하기

우리는 이 코드를 억지로 수정해서 우리가 원하는 일을 수행하도록 만드는 대신, 잠시 손을 멈추고 이 코드가 이미 한 번에 여러 가지 일을 수행하는 과정을 밟았다.

1 location_info 딕셔너리에서 값들을 읽는다.

2 '도시'의 값을 설정하기 위해 정해진 선호도 순으로 값을 읽는다. 아무런 값도 찾을 수 없으면 "아무 곳 도 아닌 곳"이라는 기본값을 설정한다.

3 '나라' 값을 설정한다. 값이 없으면 기본값인 "지구"로 설정한다.

4 place를 변경한다.

따라서 우리는 이러한 각각의 작업이 개별적으로 해결되게 원래 코드를 다시 작성했다.

location_info에서 값을 읽는 첫 번째 작업은 해결하기 쉽다.

```
var town = location_info["LocalityName"]; // 예. "Santa Monica"
var city = location_info["SubAdministrativeAreaName"]; // 예. "Los Angeles"
var state = location_info["AdministrativeAreaName"]; // 예. "CA"
var country = location_info["CountryName"]; // 예. "USA"
```

여기까지 시점을 기점으로 location_info 사용을 마쳤다. 따라서 길고 외우기 힘든 키 는 더 이상 기억하지 않아도 좋다. 대신 사용하기 간편한 변수 네 개를 갖게 되었다.

다음으로 우리는 반환되는 값의 '두 번째 절반'이 무엇인지 알아야 한다.

```
// 기본값부터 시작하라. 그리고 가장 구체적인 값으로 계속 덮어써라.
var second_half = "Planet Earth";
if (country) {
    second_half = country;
}
if (state && country === "USA") {
    second_half = state;
}
```

이와 비슷한 방법으로 '첫 번째 절반'도 알아낼 수 있다.

```
var first_half = "Middle-of-Nowhere";
if (state && country !== "USA") {
    first_half = state;
}
if (city) {
    first_half = city;
```

```
    }
    if (town) {
        first_half = town;
    }
```

끝으로 우리는 모든 정보를 하나로 엮는다.

```
    return first_half + ", " + second_half;
```

이 장의 첫 부분에서 보았던 '탈파편화' 그림은 사실 이 예의 처음 해결책과 새로운 버전을 그림으로 표현한 것이다. 다음은 168페이지 그림보다 더 자세한 그림이다.

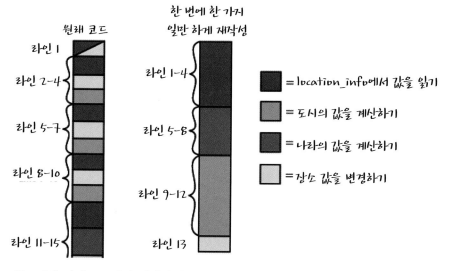

보는 바와 같이, 두 번째 해결책에 있는 네 개 작업은 서로 구별되는 독자적인 영역으로 탈파편화되었다.

다른 접근 방법

코드를 리팩토링할 때 보통 여러 가지 접근 방법이 있다. 이 경우도 예외는 아니다. 일단 몇 가지 작업을 분리하면, 코드는 더 생각하기 쉬워지므로 이를 리팩토링할 수 있는 더 나은 방법이 떠오르게 될 지도 모른다.

예를 들어 앞에서 보았던 일련의 if 문은 각각 모두 정확하게 동작하는지 확인해야 하므로 신중하게 읽어야 한다. 사실 이 코드 안에서는 두 가지 작업이 동시에 다루어지고 있다.

1 변수의 리스트를 하나씩 읽어서, 존재하는 값 중 가장 선호되는 값을 선택한다.

2 나라가 'USA'인지 아닌지에 따라서 다른 리스트를 사용한다.

다시 생각해보면 앞의 코드가 'if USA'라는 논리를 코드의 곳곳에 섞어놓았음을 알 수 있다. 그렇게 하는 대신 USA인 경우와 아닌 경우를 분리할 수도 있다.

```javascript
var first_half, second_half;

if (country === "USA") {
    first_half = town || city || "Middle-of-Nowhere";
    second_half = state || "USA";
} else {
    first_half = town || city || state || "Middle-of-Nowhere";
    second_half = country || "Planet Earth";
}

return first_half + ", " + second_half;
```

자바스크립트에 익숙하지 않은 사람을 위해서 설명하자면, a || b || c는 관용적인 표현으로 (여기에서는 정의되어 있고, 비어있지 않은 문자열을 의미하는) 첫 번째 '참' 값을 반환한다. 이 코드는 선호도 리스트를 조사하고 이를 매우 쉽게 변경한다는 장점이 있다. 코드에 있었던 대부분의 if 문은 사라졌고, 비즈니스 논리는 이제 더 짧은 코드로 표현된다.

더 큰 예제

우리가 작성한 웹크롤링 시스템에서 각각의 웹페이지가 내려받아지면 UpdateCounts()라는 함수가 호출된다.

```
void UpdateCounts(HttpDownload hd) {
    counts["Exit State"   ][hd.exit_state()]++;    // 예. "SUCCESS" or "FAILURE"
    counts["Http Response"][hd.http_response()]++;// 예. "404 NOT FOUND"
    counts["Content-Type" ][hd.content_type()]++; // 예. " text/html "
}
```

이는 우리가 바라는 코드의 모습이다!

HttpDownload 객체는 이 코드에서 사용되는 메소드를 가지고 있지 않았다. 더구나 HttpDownload는 매우 크고 복잡한 클래스이므로 필요한 값을 일일이 직접 찾아내야 했다. 더 좋지 못한 것은, 값들이 아예 존재하지 않는 경우도 있다는 것이다. 이럴 때는 기본값으로 "unknown"를 사용했다.

이 때문에 실제 코드는 상당히 지저분했다.

```
// 경고: 코드를 너무 오랫동안 바라보지 말 것
void UpdateCounts(HttpDownload hd) {
    // 값이 있으면 Exit State 값을 찾는다.
    if (!hd.has_event_log() || !hd.event_log().has_exit_state()) {
        counts["Exit State"]["unknown"]++;
    } else {
        string state_str = ExitStateTypeName(hd.event_log().exit_state());
        counts["Exit State"][state_str]++;
    }

    // 만약 HTTP 헤더가 아예 없으면, 나머지 요소들을 위해서 "unknown"을 사용한다.
    if (!hd.has_http_headers()) {
        counts["Http Response"]["unknown"]++;
        counts["Content-Type"]["unknown"]++;
        return;
    }

    HttpHeaders headers = hd.http_headers();

    // 값이 있으면 HTTP 응답을 기록하고, 아니면 "unknown"을 기록한다.
    if (!headers.has_response_code()) {
        counts["Http Response"]["unknown"]++;
    } else {
        string code = StringPrintf("%d", headers.response_code());
        counts["Http Response"][code]++;
    }

    // 값이 있으면 Content-Type 값을 기록하고, 아니면 "unknown"을 기록한다.
    if (!headers.has_content_type()) {
        counts["Content-Type"]["unknown"]++;
    } else {
        string content_type = ContentTypeMime(headers.content_type());
        counts["Content-Type"][content_type]++;
```

```
        }
    }
```

보는 바와 같이 많은 분량의 코드는 실제로 많은 논리를 포함한다. 심지어 반복되는 코드도 있다. 이런 코드를 읽는 것은 결코 즐겁지 않다.

특히, 위의 코드는 서로 다른 작업 사이를 왔다갔다 한다. 다음은 코드 전반에 걸쳐서 뒤섞여 있는 별도의 작업들이다.

1 각 키를 위한 기본값으로 "unknown" 사용하기.

2 HttpDownload의 멤버 중 존재하지 않는 값이 있는지 확인하기.

3 값을 읽어서 문자열로 변환하기.

4 counts[] 갱신하기.

이러한 작업들을 서로 구별되는 영역에 놓아 코드를 개선할 수 있다.

```
void UpdateCounts(HttpDownload hd) {
    // 작업: 읽고자 하는 각각의 값을 위한 기본값을 정의한다.
    string exit_state = "unknown";
    string http_response = "unknown";
    string content_type = "unknown";

    // 작업: HttpDownload에서 각각의 값을 하나씩 읽는다.
    if (hd.has_event_log() && hd.event_log().has_exit_state()) {
        exit_state = ExitStateTypeName(hd.event_log().exit_state());
    }
    if (hd.has_http_headers() && hd.http_headers().has_response_code()) {
        http_response = StringPrintf("%d", hd.http_headers().response_code());
    }
    if (hd.has_http_headers() && hd.http_headers().has_content_type()) {
        content_type = ContentTypeMime(hd.http_headers().content_type());
    }

    // 작업: count[]를 갱신한다.
    counts["Exit State"][exit_state]++;
    counts["Http Response"][http_response]++;
    counts["Content-Type"][content_type]++;
}
```

코드에는 다음과 같은 목적을 가진 세 개의 분리된 영역이 생겼다.

1 우리가 관심을 가지고 있는 세 개의 키에 기본값을 설정한다.

2 각 키에 대한 값이 존재하면 그 값을 읽어서 문자열로 변환한다.

3 각각의 키/값 짝에 counts[]를 갱신한다.

이러한 별도의 영역이 유용한 이유는 코드가 서로 분리되어 있기 때문이다. 한 개 영역을 읽는 동안에는 다른 영역을 생각할 필요가 전혀 없다.

처음에 우리는 네 개의 작업을 나열했는데 실제 코드에서는 세 개의 영역만 존재한다는 사실에 주목해야 한다. 그렇다고 문제될 것은 전혀 없다. 처음에 나열한 작업은 그저 출발점에 해당할 뿐이다. 그렇게 나열된 대상 중에서 실제로 일부만 분리되어도 큰 도움이 된다.

추가적인 개선

수정된 코드는 괴물 같았던 처음에 비하면 크게 개선되었다. 이러한 개선에는 별도의 함수조차 없었다는 사실에 명심하라. 앞에서 말한 것처럼 '한 번에 하나의 작업' 원리는 함수의 경계선 위치와 상관없이 코드 정리를 도와준다.

하지만 우리는 이 코드를 헬퍼 함수 세 개를 별도로 만들어서 개선할 수도 있었다.

```
void UpdateCounts(HttpDownload hd) {
    counts["Exit State"][ExitState(hd)]++;
    counts["Http Response"][HttpResponse(hd)]++;
    counts["Content-Type"][ContentType(hd)]++;
}
```

이러한 함수는 작업에 상응하는 값을 읽고, 만약 값이 존재하지 않으면 "unknown"을 반환한다. 다음은 그러한 함수의 예다.

```
string ExitState(HttpDownload hd) {
    if (hd.has_event_log() && hd.event_log().has_exit_state()) {
        return ExitStateTypeName(hd.event_log().exit_state());
    } else {
        return "unknown";
    }
}
```

이 새로운 해결책은 어떤 변수도 사용하지 않고 있음에 주목하라! 9장 '변수와 가독성'에서 언급했듯이 중간 결과값을 저장하는 변수는 완전히 제거될 수 있는 경우가 많다.

우리는 해결책에서 주어진 문제를 약간 다른 방식으로 '나누었다'. 두 해결책 모두 코드를 읽는 사람이 한 번에 하나의 일만 생각하게 하므로 상당히 높은 가독성을 제공한다.

요약

이 장은 코드를 조직하는 간단한 테크닉, 즉 한 번에 하나의 일만 수행하게 만드는 방법을 논의하였다.

여러분이 작성한 코드가 읽기 어렵다면, 일단 수행하는 작업을 모두 나열하라. 나열된 작업 중 일부는 별도의 함수나 클래스로 쉽사리 분리할 수 있을 것이다. 다른 작업은 원래 함수 내에서 별도의 논리적 '문단'으로 존재할 수 있다. 이러한 "어떻게 작업을 정확히 분리할까?"는 "분리된다"는 사실보다 중요하지는 않다. 어려운 부분은 애초에 프로그램이 수행하는 모든 작은 일들을 빠뜨리지 않고 정확하게 서술하는 것이다.

12
생각을 코드로 만들기

"할머니에게 설명할 수 없다면 당신은 제대로 이해한 게 아닙니다."

– 알버트 아인슈타인

복잡한 생각을 다른 사람에게 설명할 때 중요하지 않은 자세한 내용 때문에 듣는 사람을 혼동시키는 일이 종종 있다. '쉬운 말'로 자신의 생각을 지식이 부족한 사람에게 전달하는 기술은 매우 소중하다. 여기에는 설명할 내용을 걸러서 요지만 뽑아내는 능력이 요구된다. 이는 듣는 사람이 내용을 잘 이해하게 도울 뿐만 아니라 설명하는 사람자신도 그 내용을 다시 한 번 명확하게 이해하게 도와준다.

여러분이 작성한 코드를 다른 사람에게 '보여줄' 때도 같은 기술을 사용해야 한다. 우리는 프로그램이 수행하는 일을 설명해주는 가장 주된 방법은 결국 소스코드라는 관점을가진다. 때문에 코드도 역시 '쉬운 말'로 작성해야 한다.

이 장에서는 코드를 더 명확하게 만드는 간단한 과정을 설명할 것이다.

1 코드가 할 일을 옆의 동료에게 말하듯이 평범한 영어로 묘사하라.

2 이 설명에 들어가는 핵심적인 단어와 문구를 포착하라.

3 설명과 부합하는 코드를 작성하라.

논리를 명확하게 설명하기

다음은 PHP로 작성된 웹페이지에서 가져온 코드 조각이다. 이 코드는 보안 페이지secured page의 맨 위 부분에 있다. 이는 사용자가 페이지를 볼 수 있는지 허가 여부를 확인하고, 만약 허가되어 있지 않으면 그러한 사실을 설명하는 페이지를 반환한다.

```
$is_admin = is_admin_request();
if ($document) {
    if (!$is_admin && ($document['username'] != $_SESSION['username'])) {
        return not_authorized();
    }
} else {
    if (!$is_admin) {
        return not_authorized();
    }
```

```
    }
```

    // 계속해서 페이지를 렌더링한다...

이 코드에는 상당한 논리가 있다. 2부 '루프와 논리를 단순화하기'에서 본 것처럼, 커다란 논리의 트리는 이해하기 어렵다. 이 코드에 있는 논리는 아마 단순화될 수 있을 것이다. 하지만 어떻게? 일단 이 논리를 쉬운 말로 묘사하는 것부터 시작해보자.

사용이 허가되는 방법은 두 경우다.

1 관리자다.

2 만약 문서가 있다면 현재 문서를 소유하고 있다.

그렇지 않으면 허가되지 않는다.

이러한 묘사로 영감을 받은 새로운 코드는 다음과 같다.

```
    if (is_admin_request()) {
        // 허가
    } elseif ($document && ($document['username'] == $_SESSION['username'])) {
        // 허가
    } else {
        return not_authorized();
    }
    // 계속해서 페이지를 렌더링한다 ...
```

이 버전은 비어 있는 본문 두 개를 포함하므로 조금 이상하다. 하지만 코드의 분량이 더 적고, 부정문^{negation}이 없어 논리도 더 간단해졌다. 앞의 코드는 세 개의 'not'을 포함했다. 결론은 새로 작성한 코드가 더 이해하기 쉽다.

라이브러리를 알면 도움이 된다

우리는 사용자에게 다음과 같은 조언을 제시하는 '조언상자$^{tips\ box}$'를 포함하는 웹사이트를 가진 적이 있다.

조언 | **과거 질의를 보려면 로그인하시오. [다른 조언도 보여주세요!]**

이밖에도 HTML 안에는 다른 많은 조언이 숨겨져 있다.

```
<div id="tip-1" class="tip"> 조언: 과거 질의를 보려면 로그인하시오.</div>
<div id="tip-2" class="tip"> 조언: 그림을 클릭하면 더 크게 보입니다.</div>
...
```

사용자가 페이지를 방문하면 이러한 div들 중에서 하나가 무작위로 화면에 나타나고,
나머지는 감추어진다.

"다른 조언도 보여주세요!" 링크를 클릭하면, 화면에 다음 조언이 나타난다. 다음은
jQuery 자바스크립트 라이브러리로 이러한 기능을 구현한 코드다.

```
var show_next_tip = function () {
    var num_tips = $('.tip').size();
    var shown_tip = $('.tip:visible');

    var shown_tip_num = Number(shown_tip.attr('id').slice(4));
    if (shown_tip_num === num_tips) {
        $('#tip-1').show();
    } else {
        $('#tip-' + (shown_tip_num + 1)).show();
    }
    shown_tip.hide();
};
```

이 코드는 그리 나쁘지 않다. 하지만 개선될 여지가 충분하다. 코드가 수행하는 일을
간단하게 말로 정리하는 것부터 시작해보자.

```
현재 화면에 나타난 조언을 찾고 이를 감춘다.
다음 조언을 찾아서 화면에 나타낸다.
조언이 더 이상 없으면 다시 첫 번째 조언으로 되돌아간다.
```

이 설명을 바탕으로 다음과 같은 코드를 작성할 수 있다.

```
var show_next_tip = function () {
    var cur_tip = $('.tip:visible').hide();
    // 현재 화면에 나타난 조언을 찾고 그것을 감춘다.
    var next_tip = cur_tip.next('.tip'); // 그 다음 조언을 찾는다.
```

```
        if (next_tip.size() === 0) { // 조언이 더 이상 없으면
            next_tip = $('.tip:first'); // 다시 첫 번째 조언으로 되돌아간다.
        }
        next_tip.show(); // 새 조언을 나타낸다.
    };
```

이 코드는 코드 분량이 적을 뿐만 아니라 정수값들을 직접 변경할 필요가 없다. 이는 사람들이 이 코드에 기대하는 이상적인 모습에 근접한다.

위 예에는 jQuery가 .next() 메소드를 포함한다는 사실이 도움되었다. 간결한 코드를 작성하는 기술 중 하나는 라이브러리가 제공하는 기능을 잘 활용하는 것이다.

논리를 쉬운 말로 표현하는 방법을 더 큰 문제에 적용하기

앞의 예는 이러한 방법을 작은 코드 조각에 적용하였다. 이제 우리는 이 방법을 더 큰 문제에 적용할 것이다. 앞으로 보겠지만, 논리를 쉬운 말로 표현해서 정리하는 방법은 코드에서 어느 부분이 분리될 수 있는지 판별해주므로 결국 코드를 잘게 쪼갤 수 있도록 도와준다.

주식 구매현황을 기록하는 시스템이 있다고 해보자. 각 거래는 데이터 네 조각을 포함한다.

- time (구매의 정확한 날짜와 시간)
- ticker_symbol (예, GOOG)
- price (예, $600)
- number_of_share (예, 100)

어떤 이유로 위 데이터는 아래 그림처럼 별도로 존재하는 세 개 테이블에 걸쳐서 존재한다. 각 테이블에서 time은 값이 중복되지 않는 프라이머리 키다.

time	ticker_symbol
3:45	IBM
3:59	IBM
4:30	GOOG
5:20	AAPL
6:00	MSFT

time	price
3:45	$120
4:30	$600
5:00	$25
5:20	$200
6:00	$25

time	number_of_shares
3:45	50
3:59	200
4:10	75
4:30	100
5:20	80

이제 우리는 이 세 개의 테이블을 SQL의 JOIN 연산처럼 결합하는 프로그램을 만들어야 한다. 모든 행들이 time을 기준으로 순서대로 정렬되었으므로 이 작업은 어렵지 않다. 하지만 어떤 행은 아예 존재하지 않는다. 우리가 할 일은 그림에서 보는 것처럼 존재하지 않는 행을 무시하면서 세 개의 테이블에서 time 값이 동일한 행을 연결하는 것이다.

다음은 앞서 설명한 조건에 일치하는 행을 찾는 파이썬 코드다.

```
def PrintStockTransactions():
    stock_iter = db_read("SELECT time, ticker_symbol FROM ...")
    price_iter = ...
    num_shares_iter = ...

    # 3 테이블의 모든 행을 동시에 순차적으로 반복한다.
    while stock_iter and price_iter and num_shares_iter:
        stock_time = stock_iter.time
        price_time = price_iter.time
        num_shares_time = num_shares_iter.time

        # 만약 세 개의 행이 같은 time을 갖지 않으면 가장 오래된 행은 건너뛴다.
        # 주의: 아래에 있는 '<='은 가장 오래된 행이 2개 있으면 '<'이 될 수 없다.
        if stock_time != price_time or stock_time != num_shares_time:
            if stock_time <= price_time and stock_time <= num_shares_time:
                stock_iter.NextRow()
            elif price_time <= stock_time and price_time <= num_shares_time:
                price_iter.NextRow()
            elif num_shares_time <= stock_time and num_shares_time <= price_time:
                num_shares_iter.NextRow()
            else:
                assert False # 불가능하다.
            continue

        assert stock_time == price_time == num_shares_time
```

```
    # 일치된 행을 출력한다.
print "@", stock_time,
print stock_iter.ticker_symbol,
print price_iter.price,
print num_shares_iter.number_of_shares

stock_iter.NextRow()
price_iter.NextRow()
num_shares_iter.NextRow()
```

이 코드는 정상적으로 동작한다. 하지만 일치하지 않는 행을 건너뛰려고 루프 안에서 많은 일이 일어난다. 이런 코드를 만나면 여러분의 머릿속에는 어떤 경고음이 들릴지도 모른다. 혹시 어떤 행을 놓치고 있지 않을까? 반복자^{iterators} 중에서 어느 것은 스트림의 끝을 지나서까지 읽히는 것이 아닐까?

그렇다면 어떻게 더 읽기 쉬운 코드를 만들 수 있을까?

해결책을 영어로 묘사하기

뒤로 한걸음 물러나서 우리가 하려는 일을 쉬운 말로 묘사해보자.

세 개 반복자를 병렬적으로 동시에 읽는다.
어느 행의 time이 일치하지 않으면, 앞으로 하나 더 나아가서 일치하게 한다.
일치된 행을 출력하고, 다시 앞으로 나아간다.
일치되는 행이 더 이상 없을 때까지 이를 반복한다.

원래 코드를 다시 읽어보면 코드의 가장 지저분한 부분이 "일치하지 않으면 앞으로 하나 더 나아가서 일치하게 한다"임을 알 수 있다. 코드를 더 깔끔하게 만들기 위해서 우리는 가장 지저분한 부분을 AdvanceToMatchingTime()이라는 새로운 함수로 분리할 수 있다.

이 새 함수를 사용하는 코드의 새로운 버전은 아래와 같다.

```
def PrintStockTransactions():
    stock_iter = ...
    price_iter = ...
    num_shares_iter = ...

    while True:
```

```
        time = AdvanceToMatchingTime(stock_iter, price_iter, num_shares_iter)
        if time is None:
          return

        # 일치된 행을 출력한다.
        print "@", time,
        print stock_iter.ticker_symbol,
        print price_iter.price,
        print num_shares_iter.number_of_shares

        stock_iter.NextRow()
        price_iter.NextRow()
        num_shares_iter.NextRow()
```

행을 일치시키기는 지저분한 작업을 감춰져 이 코드의 가독성이 훨씬 높아졌다.

이 방법을 재귀적으로 적용하기

AdvanceToMatchingTime()에 대한 여러분의 생각을 맞추는 일은 어렵지 않다. 원래 코드에 있었던 지저분한 코드 블록과 거의 닮았을 것이다.

```
def AdvanceToMatchingTime(stock_iter, price_iter, num_shares_iter):
    # 3 테이블의 모든 행을 동시에 순차적으로 반복한다.
    while stock_iter and price_iter and num_shares_iter:
      stock_time = stock_iter.time
      price_time = price_iter.time
      num_shares_time = num_shares_iter.time

      # 만약 세 개의 행이 모두 같은 time을 갖지 않으면 가장 오래된 행은 건너뛴다.
      if stock_time != price_time or stock_time != num_shares_time:
        if stock_time <= price_time and stock_time <= num_shares_time:
          stock_iter.NextRow()
        elif price_time <= stock_time and price_time <= num_shares_time:
          price_iter.NextRow()
        elif num_shares_time <= stock_time and num_shares_time <= price_time:
          num_shares_iter.NextRow()
        else:
          assert False # 불가능하다.
        continue
      assert stock_time == price_time == num_shares_time
      return stock_time
```

하지만 우리의 방법을 AdvanceToMatchingTime()에도 적용하여 이 코드도 개선하자. 다음은 이 함수가 수행하는 일을 설명한 것이다.

각 테이블의 현재 행에서 time을 확인한다. 값이 모두 같으면 작업이 완료된 것이다.

그렇지 않으면 값이 '뒤처진' 행을 한 칸 전진시킨다.

행이 모두 동일한 time을 가질 때까지 혹은 반복자 중의 하나가 끝에 이를 때까지 작업을 반복한다.

이 설명은 앞의 코드보다 훨씬 더 명확하고 우아하다. 한 가지 주목할 부분은 이 설명이 stock_iter나 우리가 해결하려는 문제와 관련된 어떠한 사항도 언급하지 않는다는 점이다. 따라서 우리는 변수명을 더 간단하고 일반적이게 바꿀 수 있다. 다음은 이러한 개선사항을 구현한 코드다.

```
def AdvanceToMatchingTime(row_iter1, row_iter2, row_iter3):
  while row_iter1 and row_iter2 and row_iter3:
    t1 = row_iter1.time
    t2 = row_iter2.time
    t3 = row_iter3.time

    if t1 == t2 == t3:
      return t1

    tmax = max(t1, t2, t3)

    # 어떤 행이 '뒤쳐져' 있으면 한 칸 앞으로 전진시킨다.
    # 이 while 루프는 궁극적으로 모든 행을 일치시킬 것이다.
    if t1 < tmax: row_iter1.NextRow()
    if t2 < tmax: row_iter2.NextRow()
    if t3 < tmax: row_iter3.NextRow()

  return None # 일치되는 행이 없다.
```

보는 바와 같이 이 코드는 전보다 훨씬 간결하다. 알고리즘도 더 간단해졌고, 복잡한 비교도 적어졌다. 또한 t1과 같은 짧은 이름을 사용하므로 이 예에서 사용되는 특정한 데이터베이스의 칼럼 이름을 염두에 둘 필요도 없다.

요약

이 장에서는 프로그램을 평범한 영어로 설명하고, 그 설명으로 더 자연스러운 코드를 작성하는 간단한 테크닉을 살펴보았다. 이 테크닉은 믿을 수 없을 정도로 간단하지만 매우 강력하다. 설명에서 사용된 단어와 문구를 살펴보는 것은 코드에서 따로 분리할 수 있는 하위문제를 판별하는 데 도움을 주기도 한다.

하지만 "무언가를 쉬운 말로 설명하기"라는 방법은 코드를 작성하는 이상의 적용범위를 갖는다. 예를 들어 어떤 대학의 컴퓨터 연구실은 프로그램을 디버깅할 때 누군가에게 도움을 요청하기에 앞서 그 문제를 방 한 켠에 놓아둔 곰 인형에게 말로 설명하라는 정책을 가지고 있다. 놀랍게도 이렇게 문제를 큰 소리로 말하는 행위가 학생 스스로 해결책을 찾게 도움을 주는 것으로 드러났다. 이러한 기법을 '고무 오리^{rubber ducking}'라고 한다.

이렇게 볼 수도 있다. 자신의 문제를 쉬운 말로 설명할 수 없으면, 해당 문제는 무언가 빠져 있거나 아니면 제대로 정의되지 않은 것이다. 어떤 프로그램을 혹은 어떤 생각이라도 말로 설명하는 행위는 문제의 틀을 제대로 잡는 데 도움을 준다.

13

코드 분량 줄이기

프로그래머가 배워야 하는 가장 중요한 기술은 언제 코딩을 해야 하는지 아는 것이다. 여러분이 작성하는 코드를 모두 테스트하고 유지보수해야 한다. 라이브러리를 재활용하거나 기능을 제거하여, 시간을 절약하고 코드베이스를 날렵하고 가볍게 만들 수 있다.

핵심 아이디어 **가장 읽기 쉬운 코드는 아무것도 없는 코드다.**

그 기능을 구현하려고 애쓰지 마라 – 그럴 필요가 없다

새로운 프로젝트를 시작하면 공연히 흥분해서 뭔가 멋진 기능을 구현하려고 궁리한다. 하지만 프로그래머는 대개 프로젝트에 정말로 필요한 기능이 얼마나 있는지 과대평가하는 경향이 있다.

한편 프로그래머는 어떤 기능을 구현하는 데 필요한 노력을 과소평가하는 경향도 있다. 우리는 조잡한 프로토타입을 구현하는 시간을 지나치게 낙관적으로 예측하고, 그 코드를 장차 유지보수하고, 문서를 만들고, 코드베이스에 새로운 '무게'를 더하는 데 얼마나 많은 시간이 필요한지는 완전히 잊어버린다.

요구사항에 질문을 던지고 질문을 잘게 나누어 분석하라

프로그램이 반드시 빠르게 동작하고, 100% 정확하고, 모든 종류의 가능한 입력을 처리해야 하는 것은 아니다. 주어진 요구사항을 정말로 잘 분석하면, 적은 코드로 구현할 수 있는 간단한 문제를 정의할 수 있다. 이러한 예를 살펴보자.

예: 상점위치 추적기

어떤 비즈니스를 위해 '상점위치 추적기'를 작성한다고 생각해보자. 요구사항은 다음과 같다.

사용자의 경도/위도가 주어지면, 그 장소에서 가장 가까운 상점을 찾는다.

이 기능을 100% 정확하게 구현하려면 다음 상황을 처리해야 한다.

- 장소가 날짜 변경선의 어느 한 쪽에 있을 때.

- 장소가 북극이나 남극에 가까울 때.

- '1마일마다 경도의 값이' 달라지므로 지구의 곡률에 따라 조정하기.

이러한 일을 모두 처리하려면 상당한 분량의 코드가 필요하다.

하지만 우리가 만들려는 애플리케이션은 텍사스 주에 있는 가게 30곳만 대상으로 할 뿐이다. 이렇게 작은 영역에서는 앞서 말한 세 가지 상황이 그렇게 중요하지 않다. 결과적으로 요구사항을 다음처럼 축소할 수 있다.

텍사스에 가까이 있는 사용자를 위해서, 텍사스에 있는 가게 중 대략적으로 가장 가까운 가게를 찾는다.

이제 모든 가게를 대상으로 위도/경도를 이용한 유클리디언^{Euclidean} 거리를 계산할 필요가 없으므로 이 문제의 해결책을 마련하는 일은 전보다 더 수월해졌다.

예: 캐시를 더하기

우리는 전에 디스크에서 객체를 자주 읽어들이는 자바 애플리케이션을 만들었다. 이 애플리케이션의 실행속도는 읽기 작업 때문에 느릴 수 밖에 없었으므로 캐시를 이용하기로 결정했다. 전형적인 읽기 순서는 다음과 같다.

```
read Object A
read Object A
read Object A
read Object B
read Object B
read Object C
read Object D
read Object D
```

보는 바와 같이 동일한 객체에 접속하는 일이 여러 번 반복된다. 따라서 캐시를 이용하면 틀림없이 도움이 될 것이다.

이 문제를 해결할 때 우리는 가장 오래 전에 사용된 항목[the least recently used items]을 버리는 캐시를 사용하려고 했다. 이러한 기능은 라이브러리 안에 없었으므로 직접 구현해야 했다. 하지만 이미 데이터구조를 구현해봤으므로 구현 자체는 아무 문제가 되지 않았다(해시테이블과 단순연결리스트$^{singly\ linked\ list}$가 필요한데, 전체 100줄 정도의 코드 분량이면 충분하다).

하지만 우리는 이렇게 반복되는 접속은 항상 연속해서 일어난다는 점을 깨달았다. 따라서 복잡한 LRU 캐시를 구현하는 대신, 단순하게 1개 항목만 저장하는 캐시를 구현했다.

```
DiskObject lastUsed; // 클래스 멤버

DiskObject lookUp(String key) {
    if (lastUsed == null || !lastUsed.key().equals(key)) {
        lastUsed = loadDiskObject(key);
    }

    return lastUsed;
}
```

이렇게 간단한 코드만으로도 약 90%의 실행속도 향상을 이룰 수가 있었다. 프로그램이 메모리에서 차지하는 면적도 줄어들었다.

"요구사항을 제거하기"와 "더 간단한 문제를 해결하기"가 제공하는 이점은 아무리 강조해도 지나치지 않는다. 요구사항은 종종 미묘한 방식으로 서로를 간섭한다. 그렇기 때문에 원래 분량의 1/4에 해당하는 상대적으로 짧은 코드로 문제의 절반을 해결하는 경우도 종종 있다.

코드베이스를 작게 유지하기

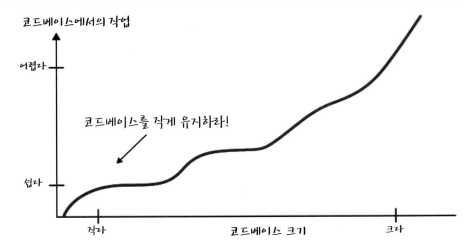

소프트웨어 프로젝트를 처음 시작할 때는 단지 한 두 개의 소스 파일만 있으므로 모든게 훌륭하다. 코드를 컴파일하고 실행하기는 누워서 떡 먹기이고, 수정하기도 용이하고, 각각의 함수나 클래스를 어디에서 정의했는지 기억하기도 쉽다.

프로젝트가 커지면, 디렉터리는 더 많은 소스파일로 가득 찬다. 얼마 지나지 않아서 소스파일을 정리하는 데 더 많은 디렉터리가 필요하다. 어느 함수가 어느 함수를 호출하는지 기억하기 더 어려워지고, 버그를 잡는 데도 더 많은 노력이 필요하게 된다.

결과적으로 수많은 소스코드가 여러 디렉터리에 흩어진다. 프로젝트는 거대해지고 전체 프로젝트를 이해하는 사람은 한 명도 없다. 새로운 기능을 추가하기도 어렵고, 이러한 코드로 작업을 수행하는 것이 부담스럽고 불쾌한 일이 되어 버리고 만다.

우리가 앞에서 묘사한 과정은 자연스러운 우주의 법칙이다. 좌표 시스템이 성장하면 그들을 모두 연결하는 복잡성은 훨씬 더 빠르게 성장하는 법이다.

이러한 과정에 대처하는 최선의 방법은 프로젝트가 성장하더라도 **코드베이스를 최대한 작고 가볍게 유지하는 것**이다. 따라서 다음과 같은 일이 필요하다.

- 일반적인 '유틸리티'를 많이 생성하여 중복된 코드를 제거하라(10장 '상관없는 하위문제 추출하기'를 보라).
- 사용하지 않는 코드 혹은 필요 없는 기능을 제거하라(바로 뒤에 있는 글의 내용을 보라).

- 프로젝트가 서로 분절된 하위프로젝트로 구성되게 해라.
- 코드베이스의 '무게'를 항상 의식하여 가볍고 날렵하게 유지시켜라.

사용하지 않는 코드를 제거하기

정원사는 식물의 곁가지를 잘라주어 식물이 생기를 띠고 잘 자라게 한다. 이와 같이 거추장스럽기만 하고 실제로 사용하지 않는 코드를 제거하는 일은 바람직하다.

코드가 일단 작성되면, 프로그래머는 종종 이를 없애기 꺼려한다. 현실적으로 코드양이 업무량을 대변하기 때문이다. 많은 코드를 제거하는 것은 그 코드를 작성하는 데 투자한 시간이 사실은 쓸모 없는 시간이었음을 인정하는 셈이라고 여기는 것이다. 이런 생각을 벗어나야 한다! 프로그래밍은 창의력을 요구하는 분야다. 사진사, 작가, 영화감독 같은 사람은 모든 작업 결과를 보존하지 않는다.

분리된 함수를 지우기는 쉽다. 하지만 '사용하지 않는 코드'가 프로젝트 전반에 걸쳐서 흩어져 있어 눈에 잘 띄지 않는 때도 있다. 다음은 그러한 예다.

- 처음에는 다국어로 된 파일명을 처리할 수 있도록 시스템을 설계했기 때문에 지금의 코드는 상호 변환하는 코드로 뒤덮여있다. 하지만 이러한 코드는 완전히 제대로 동작하지도 않고, 애플리케이션은 영어가 아닌 파일명을 사용한 적도 없다. 이런 기능을 없애지 않을 이유가 무엇인가?
- 시스템에 더 이상 사용할 수 있는 메모리가 없어도 프로그램이 계속 동작하기 원했으므로 메모리 초과 out-of-memory 상황에서 복구를 시도하는 절묘한 논리를 구현한다? 애초에는 좋은 생각이었지만, 실전에서 메모리가 초과되면 여러분의 프로그램은 불안정한 좀비가 되고 만다. 모든 핵심적인 기능이 사용 불가능한 상태가 되고 마우스클릭 한 번이면 프로그램은 종료될 것이다.

  이런 경우에는 "시스템 메모리 초과입니다"라는 간단한 에러 메시지와 함께 프로그램을 종료하고, 메모리 초과를 다루는 코드를 모두 없애는 것이 더 낫지 않을까?

자기 주변에 있는 라이브러리에 친숙해져라

프로그래머는 이미 존재하는 라이브러리로 자신의 문제를 풀 수 있는 상황이 많다는 걸 모르고 있다. 아니면 라이브러리가 할 수 있는 일을 잊어버린다. 라이브러리가 할 수 있는 일을 알고 활용하는 것은 대단히 중요하다.

다음은 실제로 도움을 주는 조언이다. **매일 15분씩 자신의 표준 라이브러리에 있는 모든 함수/모듈/형들의 이름을 읽어라.** 여기에는 C++의 표준 템플릿 라이브러리(STL), 자바 API, 내장된 파이썬 모듈 등이 모두 포함된다.

라이브러리 전체를 암기하라는 게 아니다. 그냥 그 안에 무엇이 있는지 감을 잡아놓고, 나중에 새로운 코드를 작성할 때 "잠깐만, 이건 전에 API에서 보았던 것과 뭔가 비슷한 데…"하고 생각할 수 있기를 바라는 것이다. 이러한 습관을 들이려고 노력하면 생각보다 금세 좋은 결과를 얻을 수 있다. 코드를 직접 작성하는 대신 우선적으로 이미 존재하는 라이브러리를 사용하는 습관을 갖게 되기 때문이다.

예: 파이썬에서 리스트와 집합

([2, 1, 2] 같은) 파이썬 집합에서 고유의 원소만으로 이루어진 (여기에서는 [2, 1]) 리스트를 만들려고 한다고 하자. 이러한 기능은 고유한 값을 가지도록 보장하는 키를 사용하는 딕셔너리로 구현할 수 있다.

```python
def unique(elements):
    temp = {}
    for element in elements:
        temp[element] = None # 값은 중요하지 않다.
    return temp.keys()

unique_elements = unique([2,1,2])
```

그렇지만 이 기능은 잘 알려지지 않는 set 형을 사용하면 쉽게 해결할 수 있다.

```python
unique_elements = set([2,1,2]) # 중복을 제거한다.
```

이 객체는 리스트처럼 안에 담긴 원소를 순차적으로 반복할 수 있다. set이 아니라 list 객체를 원한다면, 다음과 같이 할 수 있다.

```python
unique_elements = list(set([2,1,2])) # 중복을 제거한다.
```

여기에는 set이 분명히 더 나은 도구로 보인다. 하지만 만약 set 형을 몰랐다면, 위의 unique()와 같은 코드를 작성했을 것이다.

라이브러리를 이용하면 왜 그렇게 좋을까

흔히 인용되는 통계에 따르면 평균적인 수준의 소프트웨어 엔지니어는 출시할 수 있는 수준의 코드를 하루 평균 10줄 정도 작성한다고 한다. 프로그래머들이 이 말을 들으면 믿을 수 없는 표정을 지으며 놀란다. "10줄짜리 코드라고? 1분이면 할 수 있겠네!".

여기에서 중요한 단어는 '출시 할 수 있는^{shippable}'이라는 표현이다. 완숙한 라이브러리 안에 있는 코드는 한 줄 한 줄 모두 상당한 분량의 설계, 디버깅, 재작성, 문서화, 최적화, 테스트를 거쳤다. 이러한 엄격한 적자생존의 과정을 겪으며 살아남은 코드는 모두 소중하다. 라이브러리를 이용하면 좋은 이유가 바로 여기 있다. 라이브러리를 사용하면 시간도 절약하고, 코드양이 줄어들기도 한다.

예: 코딩 대신 유닉스 도구를 활용하기

웹 서버가 4xx 혹은 5xx HTTP 응답코드를 자주 반환하면, 뭔가 문제가 있다는 신호다(4xx는 클라이언트 에러를, 5xx는 서버 에러를 의미한다). 따라서 우리는 웹 서버의 접속 로그를 분석해서 어떤 URL이 가장 많은 문제를 일으키는지 확인하는 프로그램을 작성하려고 했다.

접속 로그는 다음과 같은 모습을 갖는다.

```
1.2.3.4 example.com [24/Aug/2010:01:08:34] "GET /index.html HTTP/1.1" 200 ...
2.3.4.5 example.com [24/Aug/2010:01:14:27] "GET /help?topic=8 HTTP/1.1" 500 ...
3.4.5.6 example.com [24/Aug/2010:01:15:54] "GET /favicon.ico HTTP/1.1" 404 ...
```

내용은 보통 다음과 같다.

```
browser-IP host [date] "GET /url-path HTTP/1.1" HTTP-response-code ...
```

4xx 혹은 5xx 응답코드를 가장 많이 담는 url-paths를 찾는 프로그램은 C++나 자바 같은 언어를 이용하면 20줄 정도의 코드로 작성할 수 있을 것이다.

반면 유닉스에서는 명령행에 다음과 같이 작성하면 충분하다.

```
cat access.log | awk '{ print $5 " " $7 }' | egrep "[45]..$" \
| sort | uniq -c | sort -nr
```

출력 결과는 다음과 같다.

```
95 /favicon.ico 404
13 /help?topic=8 500
11 /login 403
...
<count> <path> <http response code>
```

이 명령행 코드를 사용하면 우리가 '실제' 코드를 전혀 작성하지 않아도 되고, 따라서 소스코드 통제 시스템에 아무 것도 넣지 않아도 되므로 훌륭하다.

요약

"모험, 흥분… 제다이는 그런 것을 갈망하지 않는다."

— 요다

이 장에서는 가급적이면 적은 분량의 코드로 작성하는 방법을 배웠다. 새로 작성하는 코드를 모두 테스트하고, 문서화하고, 유지보수해야 한다. 더욱이 코드베이스에 더 많은 코드가 있으면 더 '무거워'져서 새로운 개발이 더 어렵게 된다.

다음과 같은 방법으로 새로운 코드를 작성하는 일을 피할 수 있다.

- 제품에 꼭 필요하지 않는 기능을 제거하고, 과도한 작업overengineering을 피한다.
- 요구사항을 다시 생각해서, 가장 단순한 형태의 문제를 찾아본다.
- 주기적으로 라이브러리 전체 API를 훑어봄으로써 표준 라이브러리에 친숙해진다.

FOUR

선택된 주제들

지금까지 코드를 쉽게 이해하는 기법을 넓은 범위에서 살펴보았다. 14장에서는 이러한 기법 몇 개를 선택된 두 주제에 적용할 것이다.

우선 테스트를 논의하자. 효과적이고 읽기 편한 테스트를 작성하는 방법을 알아보자.

그 다음에 특정한 목적을 가지는 (분/시간 카운터) 데이터 구조의 설계와 구현을 살펴봄으로써 성능, 좋은 설계, 가독성이 어떻게 상호작용을 하는지 알아볼 것이다.

14

테스트와 가독성

이 장은 간결하고 효과적으로 테스트를 작성하는 방법을 보여줄 것이다.

사람마다 테스트라는 말의 의미가 다를 것이다. 이 장에서 사용하는 '테스트'는 다른 ('실제') 코드 조각이 수행하는 행위를 검사하는 국한된 코드를 의미한다. 테스트 관점에서 가독성에 초점을 맞추는 것으로, 우리는 '테스트 주도 개발 방법test-driven development'이 말하는 것처럼 실제 코드를 작성하기 전에 테스트 코드를 작성해야 한다는 주장이나 테스트 개발론이 다루는 여타의 철학적 측면은 다루지 않는다.

읽거나 유지보수하기 쉽게 테스트를 만들어라

테스트 코드가 읽기 쉬워야 한다는 점은 테스트와 상관없는 실제 코드와 마찬가지로 중요하다. 다른 프로그래머는 종종 테스트 코드를 실제 코드가 어떻게 동작하며 어떻게 사용되어야 하는지에 관한 비공식적인 문서라고 생각한다. 따라서 테스트 코드가 읽기 쉬우면, 사용자는 실제 코드가 어떻게 동작하는지 그만큼 더 쉽게 이해할 수 있다.

핵심 아이디어 **다른 프로그래머가 수정하거나 새로운 테스트를 더하는 걸 쉽게 느낄 수 있게 테스트 코드는 읽기 쉬워야 한다.**

테스트 코드가 크고 두렵게 느껴지면 다음과 같은 일이 일어난다.

• 코드를 수정하는 일이 두려워진다. 아니, 우리는 이 코드에 손대고 싶지 않아. 테스트 케이스를 모두 변경하는 일은 너무나 끔찍하다고!

• 새로운 코드를 작성하면 그에 따르는 새로운 테스트를 작성하지 않는다. 시간이 흐름이 지나면서 더 낮은 비율의 코드가 테스트되며, 따라서 코드에 대한 확신이 줄어들 수밖에 없다.

위와 같은 일이 벌어지도록 만드는 대신, 여러분은 자신의 코드를 사용하는 사람(특히 자기 자신!)이 테스트 코드를 편하게 느끼도록 만들어야 한다. 코드를 사용자는 새로운 코드가 왜 현재 테스트에서 실패하는지 쉽게 진단할 수 있어야 하고, 새로운 테스트도 쉽게 덧붙일 수 있어야 한다.

이 테스트는 어떤 점이 잘못되었을까?

우리는 코드베이스에 정렬을 수행하고 일정한 점수가 매겨진 검색 결과를 필터링하는 함수를 가지고 있다. 다음은 이 함수의 정의다.

```
// 'docs'를 내림차순으로 정렬하고 점수가 0보다 작은 문서를 제거한다.
void SortAndFilterDocs(vector<ScoredDocument>* docs);
```

이 함수의 테스트는 원래 다음과 같았다.

```
void Test1() {
    vector<ScoredDocument> docs;
    docs.resize(5);
    docs[0].url = "http://example.com";
    docs[0].score = -5.0;
    docs[1].url = "http://example.com";
    docs[1].score = 1;
    docs[2].url = "http://example.com";
    docs[2].score = 4;
    docs[3].url = "http://example.com";
    docs[3].score = -99998.7;
    docs[4].url = "http://example.com";
    docs[4].score = 3.0;

    SortAndFilterDocs(&docs);

    assert(docs.size() == 3);
    assert(docs[0].score == 4);
    assert(docs[1].score == 3.0);
    assert(docs[2].score == 1);
}
```

이 테스트 코드에는 적어도 8가지 문제점이 있다. 이 장이 끝나면 모든 문제를 발견하고 고칠 수 있게 될 것이다.

이 테스트를 더 읽기 쉽게 만들기

일반적인 설계원리를 따르면 **덜 중요한 세부 사항은 사용자가 볼 필요 없게 숨겨서 더 중요한 내용이 눈에 잘 띄게 해야 한다.**

앞 절에서 본 테스트 코드는 이 원리와 완전히 대치된다. vector〈Scored Document〉를 초기화하려면 필요하지만 별로 중요하지 않은 세세한 내용이 테스트와 관련된 모든 내용 전면의 핵심적인 위치에 자리잡고 있다. 코드에 있는 대부분 내용은 url, score, docs[]을 사용하는데, 이는 상위수준에서 보면 테스트가 실제로 수행하는 일과 상관없으며, 다만 기저에 깔린 C++ 객체를 초기화하는 데 사용될 뿐이다.

이러한 내용을 정리하기 위한 첫 단계로 우리는 다음과 같은 헬퍼 함수를 만들었다.

```
void MakeScoredDoc(ScoredDocument* sd, double score, string url) {
    sd->score = score;
    sd->url = url;
}
```

이 함수를 이용하면 테스트 코드가 더 간결해진다.

```
void Test1() {
    vector<ScoredDocument> docs;
    docs.resize(5);
    MakeScoredDoc(&docs[0], -5.0, "http://example.com");
    MakeScoredDoc(&docs[1], 1, "http://example.com");
    MakeScoredDoc(&docs[2], 4, "http://example.com");
    MakeScoredDoc(&docs[3], -99998.7, "http://example.com");
    ...
}
```

하지만 아직 충분하지 못하다. 여전히 눈앞에는 중요하지 않은 세부 내용이 보인다. 예를 들어 "http:example.com" 같은 파라미터는 눈에 거슬린다. 이 파라미터 값은 언제나 동일하며, 심지어 정확한 URL은 별로 중요하지도 않다. 이는 단지 ScoredDocument의 값을 채우려고 사용될 뿐이다.

우리 눈앞에 있지만 중요하지 않은 세부 내용에는 docs.resize(5), &docs[0],

&docs[1] 등도 있다. 헬퍼 함수가 더 많은 일을 하게 만들고 이를 AddScoredDoc()이라고 부르자.

```
void AddScoredDoc(vector<ScoredDocument>& docs, double score) {
    ScoredDocument sd;
    sd.score = score;
    sd.url = "http://example.com";
    docs.push_back(sd);
}
```

이 함수를 이용하면 앞의 예제보다 테스트 코드가 더 간결해진다.

```
void Test1() {
    vector<ScoredDocument> docs;
    AddScoredDoc(docs, -5.0);
    AddScoredDoc(docs, 1);
    AddScoredDoc(docs, 4);
    AddScoredDoc(docs, -99998.7);
    ...
}
```

이 코드는 나아졌지만 아직도 '매우 읽기 쉽고 추가하기도 쉬운 테스트'라는 기준에는 미치지 못한다. 점수가 매겨진 문서 중에 새로운 테스트를 추가해야 한다면, 여전히 코드를 복사해서 붙이는 과정을 되풀이해야 한다. 이 코드를 더 개선하려면 어떻게 해야 할까?

최소한의 테스트 구문 만들기

12장의 '생각을 코드로 만들기'에서 배운 기법을 활용하여 이 테스트 코드를 개선해보자. 우선 테스트가 수행하는 일을 쉬운 말로 작성하는 데부터 시작하자.

[-5, 1, 4, -99998.7, 3]과 같은 점수를 가지는 문서 리스트가 있다.
SortAndFilterDocs()를 호출한 다음에 문서는 [4, 3, 1]이라는 순서대로 가져야 한다.

보는 바와 같이 이러한 묘사에는 vector<ScoredDocument>에 대한 언급이 포함되지 않는다. 여기에서 점수를 담는 배열 자체는 중요한 게 아니다. 우리가 작성하는 테스트 코드의 이상적인 모습은 다음과 같다.

```
CheckScoresBeforeAfter("-5, 1, 4, -99998.7, 3", "4, 3, 1");
```

우리는 복잡한 테스트 코드를 코드 한 줄로 압축하였다!

이처럼 압축하는 게 드문 일은 아니다. 대부분의 테스트는 이와 같이 특정한 입력이나 상황에 대해서 특정한 행동이나 출력을 기대하는 매우 단순한 문제로 압축되기 때문이다. 이러한 문제는 대개 한 줄로 표현할 수 있다. 테스트 코드를 이렇게 짧게 만들면 코드를 간단하고 읽기 쉽게 만들 뿐만 아니라, 새로운 테스트 케이스를 추가하는 작업을 매우 쉽게 만들기도 한다.

목적에 맞는 '미니-랭귀지' 구현하기

CheckScoresBeforeAfter()가 점수의 배열을 나타내는 문자열 파라미터 두 개를 받아들이고 있음에 주목하라. C++의 최근 버전은 배열을 다음과 같은 방법으로 전달할 수 있다.

```
CheckScoresBeforeAfter({-5, 1, 4, -99998.7, 3}, {4, 3, 1});
```

앞에서 본 코드를 작성하던 당시에는 이런 방법을 사용할 수 없었으므로 점수를 문자열에 집어넣고, 쉼표로 구분했다. 이러한 방법이 제대로 작동하려면 CheckScoresBeforeAfter()가 입력된 문자열을 해석해서 인수값을 읽어야 한다.

이렇게 문자열에 일정한 문법적 규칙을 도입해서 자신만의 최적화된 미니-랭귀지^{custom}를 만들어 쓰면 작은 공간에 많은 정보를 표현할 수 있다. 예를 들어 printf() 와 정규표현식 라이브러리가 있다.

이 경우에는 쉼표로 구분된 숫자를 읽어 들이는 헬퍼 함수를 쉽게 작성할 수 있다. 다음은 CheckScoresBeforeAfter() 함수의 예다.

```
void CheckScoresBeforeAfter(string input, string expected_output) {
    vector<ScoredDocument> docs = ScoredDocsFromString(input);
    SortAndFilterDocs(&docs);
    string output = ScoredDocsToString(docs);
```

```
    assert(output == expected_output);
}
```

다음은 코드를 완성하는 데 필요한 string과 vector⟨ScoredDocument⟩ 사이에서 변환을 수행하는 헬퍼 함수 코드다.

```
vector<ScoredDocument> ScoredDocsFromString(string scores) {
    vector<ScoredDocument> docs;

    replace(scores.begin(), scores.end(), ',', ' ');

    // 빈 칸으로 구분된 숫자로 이루어진 문자열로부터 'docs'를 채운다.
    istringstream stream(scores);
    double score;
    while (stream >> score) {
        AddScoredDoc(docs, score);
    }

    return docs;
}

string ScoredDocsToString(vector<ScoredDocument> docs) {
    ostringstream stream;
    for (int i = 0; i < docs.size(); i++) {
        if (i > 0) stream << ", ";
        stream << docs[i].score;
    }

    return stream.str();
}
```

언뜻 보면 분량이 너무 많아 보이지만, 이 함수는 믿을 수 없을 정도로 강력한 기능을 제공한다. 이제 전체 테스트를 단 한 번의 CheckScoresBeforeAfter() 호출로 작성할 수 있으므로 뒤에서 다룰 내용을 보고 나면 "앞으로 더 많은 테스트 코드를 작성해야겠구나"라는 생각이 들 것이다.

읽기 편한 메시지 만들기

앞에서 본 코드는 상당히 괜찮았다. 하지만 assert(output == expected_output)가 실패하면 무슨 일이 일어나는가? 다음과 같은 에러 메시지가 출력될 것이다.

```
Assertion failed: (output == expected_output),
    function CheckScoresBeforeAfter, file test.cc, line 37.
```

이렇게 작성된 메시지를 보면, output과 expected_output의 값이 무엇인지 궁금해질 것이다.

향상된 버전의 assert()를 사용하기

다행히도 대부분의 언어와 라이브러리는 더 정교한 버전의 assert()를 제공한다. 따라서 다음과 같이 쓰는 대신

```
assert(output == expected_output);
```

아래와 같이 부스트 C++ 라이브러리를 사용할 수 있다.

```
BOOST_REQUIRE_EQUAL(output, expected_output)
```

만약 테스트에 실패하면 다음처럼 더 자세한 내용을 담은 메시지를 볼 수 있을 것이다.

```
test.cc(37): fatal error in "CheckScoresBeforeAfter": critical check
    output == expected_output failed ["1, 3, 4" != "4, 3, 1"]
```

이는 앞의 예제보다 더 도움이 된다. 이러한 기능이 있으면 사용하는 게 좋다. 테스트가 실패할 때마다 그에 상응하는 값을 지불해줄 것이다.

다른 언어에 포함된 더 좋은 assert()

파이썬에서는 내장된 구문인 assert a == b가 다음과 같이 평범한 에러 메시지를 출력한다.

```
File "file.py", line X, in <module>
    assert a == b
AssertionError
```

이 대신 unitest 모듈에 있는 assertEqual() 메소드를 사용할 수도 있다.

```
import unittest

class MyTestCase(unittest.TestCase):
    def testFunction(self):
        a = 1
        b = 2
        self.assertEqual(a, b)

if __name__ == '__main__':
    unittest.main()
```

이는 다음과 같은 에러 메시지를 출력한다.

```
File "MyTestCase.py", line 7, in testFunction
        self.assertEqual(a, b)
AssertionError: 1 != 2
```

어느 언어를 사용하든지 XUnit처럼 도움이 되는 라이브러리 혹은 프레임워크가 있을 것이다. 자신의 라이브러리를 잘 알면 언제나 큰 도움이 된다!

손수 작성한 에러 메시지

BOOST_REQUIRE_EQUAL()로 더 개선된 에러 메시지를 갖게 되었다.

```
output == expected_output failed ["1, 3, 4" != "4, 3, 1"]
```

하지만 이 메시지도 더 개선될 수 있는 여지가 있다. 예를 들어 메시지에서 실패를 초래한 입력 내용을 볼 수 있으면 더 좋을 것이다. 이런 경우에는 다음과 같은 에러 메시지가 이상적이다.

```
CheckScoresBeforeAfter() failed,
    Input:           "-5, 1, 4, -99998.7, 3"
    Expected Output: "4, 3, 1"
    Actual Output:   "1, 3, 4"
```

만약 이러한 메시지를 원한다면 필요한 코드를 스스로 작성해보길 바란다.

```
void CheckScoresBeforeAfter(...) {
...
    if (output != expected_output) {
        cerr << "CheckScoresBeforeAfter() failed," << endl;
        cerr << "Input:           \"" << input << "\"" << endl;
        cerr << "Expected Output: \"" << expected_output << "\"" << endl;
        cerr << "Actual Output:   \"" << output << "\"" << endl;
        abort();
    }
}
```

핵심은 바로 에러 메시지가 최대한 유용해야 한다는 것이다. 경우에 따라서는 '목적에 맞는 assert'를 스스로 구현하는 게 원하는 메시지를 출력하는 최선의 방법이 되기도 한다.

좋은 테스트 입력값의 선택

테스트에 알맞은 입력값을 선택하는 기술도 있다. 앞에서 우리가 사용한 입력값은 왠지 막 만든 느낌을 준다.

```
CheckScoresBeforeAfter("-5, 1, 4, -99998.7, 3", "4, 3, 1");
```

좋은 입력값을 선택하는 방법은 무엇인가? 좋은 입력값은 코드를 구석구석 철저하게 테스트한다. 하지만 간단해서 읽기도 쉬워야 한다.

핵심 아이디어 **가능하면 가장 간단한 입력으로 코드를 완전히 검사할 수 있어야 한다.**

예를 들어 다음과 같은 테스트를 작성했다고 하자.

```
CheckScoresBeforeAfter("1, 2, 3", "3, 2, 1");
```

이 테스트는 간단하지만 '음수인 점수를 필터링하는' SortAndFilterDocs()의 기능을 테스트하지 않는다. 만약 여기에 버그가 숨어 있다면 이런 입력은 도움이 되지 않는다.

다음과 같은 테스트를 생각해보자.

```
CheckScoresBeforeAfter("123014, -1082342, 823423, 234205, -235235",
                       "823423, 234205, 123014");
```

이러한 값은 필요 이상으로 복잡하다. 그리고 심지어 코드를 철저하게 테스트하지도 않는다.

입력값을 단순화하기

그렇다면 이러한 입력값을 개선하는 방법은 무엇일까?

```
CheckScoresBeforeAfter("-5, 1, 4, -99998.7, 3", "4, 3, 1");
```

글쎄, 아마도 가장 눈에 띄는 부분은 −99998.7이라는 '시끄러운' 값이다. 이는 단지 '임의의 음수'를 의미할 뿐이므로 그냥 −1로 적어도 상관없다. 만약 −99998.7이 '매우 큰 음수'를 의미한다면 −1e100처럼 표현하여 더 의미가 뚜렷해 보이게 할 수 있다.

핵심 아이디어 **필요한 작업을 수행하는 범위에서 가장 명확하고 간단한 테스트 값을 선택하라.**

테스트에서 사용하는 다른 값은 그리 나쁘지 않다. 하지만 이왕 시작했으니 이런 값도 더 간단한 정수로 바꿀 수 있다. 또한 음수값이 제거되는지 확인하는 목적에는 음수값이 하나만 있으면 된다. 다음은 새로운 버전의 테스트 코드다.

```
CheckScoresBeforeAfter("1, 2, -1, 3", "3, 2, 1");
```

우리는 테스트의 효율성을 전혀 손상시키지 않으면서 입력되는 값들을 단순하게 만들었다.

커다란 '분쇄기^{smasher}' 테스트

자신이 작성한 코드를 말도 안 될 정도로 커다란 입력값으로 테스트하는 것은 분명히 의미가 있다. 예를 들어 아래와 같은 테스트를 포함시키고 싶은 생각이 들 수 있다.

```
CheckScoresBeforeAfter("100, 38, 19, -25, 4, 84, [수많은 값들] ...",
                       "100, 99, 98, 97, 96, 95, 94, 93, ...");
```

이렇게 커다란 입력값을 사용하는 테스트는 버퍼 오버런^{buffer overrun}이나 다른 예상치 못한 종류의 버그를 드러내는 데 유용하다. 하지만 이런 코드는 지나치게 크고 무시무시해 보이며, 코드에 효과적인 스트레스—테스트를 수행하지도 않는다. 이보다는 예를 들어 100,000개의 값과 같이 대량의 입력을 프로그램으로 생성하는 방법이 더 효과적이다.

다양한 기능의 테스트

코드를 구석구석 철저하게 수행하려고 하나의 '완벽한' 입력을 사용하는 것보다는 작은 테스트를 여러 개 사용하는 방식이 더 쉽고 효과적이다.

각 테스트는 특정한 버그를 찾기 위해서 자기가 검사하는 코드의 흐름을 저마다 어느 한쪽 방향으로 몰고 간다. 예를 들어 다음은 SortAndFilterDocs()에 대한 네 가지 테스트다.

```
CheckScoresBeforeAfter("2, 1, 3", "3, 2, 1"); // 기본적인 정렬
CheckScoresBeforeAfter("0, -0.1, -10", "0"); // 0보다 작은 값을 모두 제거
CheckScoresBeforeAfter("1, -2, 1, -2", "1, 1"); // 중복은 문제되지 않는다.
CheckScoresBeforeAfter("", ""); // 빈 입력도 OK
```

아주 극단적인 수준으로 철저한 테스트를 수행하고 싶다면 이보다 더 많은 테스트를 작성하는 일도 얼마든지 가능하다. 이렇게 구별된 테스트 케이스를 사용하면 나중에 다른 사람이 이 코드로 쉽게 작업할 수 있다. 만약 코드에서 버그가 발생한다면, 그 버그가 발생한 테스트 케이스를 구체적으로 확인할 수 있다.

테스트 함수에 이름 붙이기

테스트 코드는 주로 함수로 이루어진다. 테스트하려는 메소드나 상황에 함수 하나를 만들게 된다. 예를 들어 SortAndFilterDocs()를 테스트하는 코드는 다음과 같이 Test1() 함수에 들어있었다.

```
void Test1() {
    ...
}
```

테스트 함수를 위해 좋은 이름을 정하는 건 귀찮을 뿐만 아니라 별로 중요하지 않게 보인다. 하지만 Test1()이나 Test2()같이 전혀 의미가 없는 이름을 사용하면 곤란하다.

대신 테스트를 상세하게 묘사할 수 있는 이름을 사용하는 게 좋다. 특히 테스트 코드를 읽는 사람이 다음과 같은 사항을 빠르게 파악할 수 있다면 큰 도움이 된다.

- 테스트되는 클래스 (그런 것이 있다면)
- 테스트되는 함수
- 테스트되는 상황이나 버그

테스트 함수에 좋은 이름을 붙이는 가장 단순한 방법은 'Test_'와 같은 접두사를 이용하여 필요한 정보를 모두 하나로 붙이는 것이다.

예를 들어 테스트 코드를 Test1()이라고 하는 대신, Test_⟨함수이름⟩()의 형태를 이용
할 수 있다.

```
void Test_SortAndFilterDocs() {
    ...
}
```

테스트의 복잡도에 따라서, 테스트되는 상황마다 별도의 테스트 함수를 만들 수도 있
다. 그런 경우에는 Test_⟨함수이름⟩_⟨상황⟩()과 같은 형태를 이용하면 된다.

```
void Test_SortAndFilterDocs_BasicSorting() {
    ...
}
void Test_SortAndFilterDocs_NegativeValues() {
    ...
}
...
```

여기서는 길고 다소 복잡해 보이는 이름을 붙이는 걸 두려워할 필요가 없다. 이는 실제
코드베이스에서 호출되는 함수가 아니다. 따라서 "함수명을 너무 길지 않게 해야 한다"
는 일반적인 원리가 적용되지 않는다. 테스트 함수명은 실질적으로 하나의 설명문처럼
기능한다. 또한 만약 테스트가 실패하면, 테스트 프레임워크 대부분은 실패한 함수 이
름을 출력한다. 그렇기 때문에 상황을 잘 묘사하는 이름을 사용하면 여러모로 도움이
된다.

특정한 테스트 프레임워크를 사용한다면, 메소드의 이름이 정해지는 특정한 규칙이나
관습이 이미 있을지도 모른다. 예를 들어 파이썬의 unittest 모듈은 테스트 메소드의
이름이 항상 'test'로 시작한다고 기대한다.

테스트 코드에서 사용되는 헬퍼 함수명을 정할 때는, 내부에서 테스트를 수행하는지
아니면 '테스트와 상관없는' 순수한 헬퍼인지를 잘 드러내는 이름을 사용하는 게 좋다.
예를 들어 이 장에서 assert()에 호출을 포함하는 헬퍼 함수는 모두 Check...()라는 형
태의 이름을 가진다. 하지만 AddScoredDoc() 함수는 보통의 헬퍼 함수처럼 이름이
지어졌다.

이 테스트 코드는 무엇이 잘못되었는가?

이 장을 시작할 때 앞에서 봤었던 다음 테스트 코드에 적어도 8가지 문제가 있다고 말했다.

```cpp
void Test1() {
    vector<ScoredDocument> docs;
    docs.resize(5);
    docs[0].url = "http://example.com";
    docs[0].score = -5.0;
    docs[1].url = "http://example.com";
    docs[1].score = 1;
    docs[2].url = "http://example.com";
    docs[2].score = 4;
    docs[3].url = "http://example.com";
    docs[3].score = -99998.7;
    docs[4].url = "http://example.com";
    docs[4].score = 3.0;

    SortAndFilterDocs(&docs);

    assert(docs.size() == 3);
    assert(docs[0].score == 4);
    assert(docs[1].score == 3.0);
    assert(docs[2].score == 1);
}
```

지금까지 더 나은 테스트를 작성하는 방법을 살펴보았으므로 이제 잘못된 곳을 찾아보도록 하자.

1 테스트가 너무 길고 중요하지 않은 자세한 내용으로 가득 찼다. 이 테스트가 하는 일을 한 문장으로 표현할 수 있으므로, 실제 테스트 구문이 지나치게 길 이유가 없다.

2 새로운 테스트를 추가하기 쉽지 않다. 복사/붙이기/수정 방법을 쓰고 싶은 유혹을 느끼겠지만, 그렇게 하면 코드를 더 길고 중복되게 한다.

3 테스트 실패 메시지가 별로 도움이 되지 않는다. 테스트에 실패하면 단지 Assertion failed: docs.size() == 3과 같은 내용을 출력할 것이다. 이러한 메시지는 디버깅에 도움되는 정보를 포함하지 않는다.

4 모든 것을 한꺼번에 테스트하려고 애쓰고 있다. 음수를 필터링하는 기능과 수를 정렬하는 기능을 동시에 테스트하는 것이다. 이러한 내용을 여러 개의 테스트로 나누면 더 읽기 쉬울 것이다.

5 테스트 입력이 간단하지 않다. 특히 −99998.7과 같은 입력은 그 값이 특별히 중요한 의미를 갖지 않음에도 불필요하게 시선을 끈다. 더 간단한 음수값을 사용해도 충분하다.

6 테스트 입력값들이 코드를 꼼꼼하게 실행시키지 않는다. 예를 들어 점수가 0인 경우는 다루지 않는다 (그 경우에 문서는 필터링될 것인가 아닌가?).

7 비어 있는 입력 벡터, 매우 큰 벡터 혹은 중복된 점수와 같이 비정상적인 값을 가지는 입력을 테스트하지 않는다.

8 Test1()이라는 이름은 아무 의미가 없다. 이름은 반드시 테스트되는 함수나 상황을 설명해야 한다.

테스트에 친숙한 개발

어떤 코드는 다른 코드보다 테스트하기 더 쉽다. 테스트하기 좋은 코드는 잘 정의된 인터페이스를 가지고, 지나치게 많은 상태나 '설정'을 요구하지 않으며, 감추어진 데이터를 포함하지 않는다.

지금 작성하는 코드의 테스트 코드를 나중에 작성할 거라는 사실을 염두에 두면 재미있는 일이 벌어진다. 지금 작성하는 코드를 나중에 테스트하기 쉽도록 설계하게 되는 것이다! 이는 테스트와 무관하게 일반적으로 보았을 때에도 더 나은 코드를 작성하게 됨을 의미한다. 테스트에 친숙한 설계는 서로 다른 일을 수행하는 부분을 서로 분리된 별도의 부분으로 구상하는, 전체적으로 잘 조직된 코드를 자연스럽게 낳는다.

> ### 테스트 주도 개발
>
> 테스트 주도 개발Test-Driven Development, TDD은 실제 코드를 작성하기 전에 우선 테스트 코드부터 작성하는 프로그래밍 스타일이다. TDD의 신봉자들은 이러한 절차가 실제 코드를 작성한 다음에 비로소 테스트 코드를 작성하는 방법보다 실제 코드의 질을 상당한 수준으로 향상시킨다고 믿는다.
> 이는 매우 뜨거운 논쟁을 야기하는 주제인데, 여기서는 이 문제를 다루지 않을 것이다. 우리가 이야기하고 싶은 것은, 코드를 작성하면서 테스트를 염두에 두면 확실히 더 나은 코드를 만들 수 있다는 사실이다.
> 하지만 TDD를 적용하는 여부와 상관없이, 다른 코드를 테스트하는 '테스트 코드'를 작성한다는 최종적인 결과가 중요하다. 이 장의 목적은 테스트 코드를 읽고 쓰기 더 쉽게 하는 데 있다.

프로그램을 클래스와 메소드로 분리하는 모든 방법 중에서, 코드를 가장 철저하게 분리시키는 방법이 가장 테스트하기 쉽다. 어떤 프로그램이 다양한 클래스에서 이루어지는 많은 메소드 호출과 수많은 파라미터 때문에 내부적으로 서로 연결된다고 해보자.

이러한 프로그램은 매우 이해하기 어려운 코드를 갖게 될 뿐만 아니라, 테스트 코드 역시 읽고 쓰기에 어려운 지저분한 모습을 갖게 된다.

초기화되어야 하는 전역 변수, 라이브러리, 읽혀야 하는 구성 파일 등과 같은 '외부' 컴포넌트를 많이 포함하는 것도 테스트 코드 작성을 힘들게 한다.

코드를 설계하다가 문득 "흠, 이 코드의 테스트는 악몽이겠군"이라는 생각이 든다면 손을 멈추고 설계 자체를 전면적으로 다시 생각해볼 필요가 있다. [표 14-1]은 테스트와 설계에 관련된 전형적인 문제를 보여준다.

[표 14-1] 테스트하기 어려운 코드의 특징과 이것이 설계와 관련된 문제에 미치는 영향

특징	테스트 문제	설계 문제
전역변수를 사용한다.	테스트할 때마다 모든 전역 변수를 초기화해야 한다. 그렇지 않으면 테스트가 서로의 결과에 영향을 줄 수 있다.	어느 함수가 어떤 부수적인 효과를 가지는지 판별하기 어렵다. 각각의 함수를 별도로 고려할 수 없다. 모든 게 제대로 작동하는지 알려면 프로그램 전체를 생각해야 한다.
코드가 많은 외부 컴포넌트를 사용한다.	처음에 설정할 일이 너무 많아서 테스트를 작성하기 힘들다. 따라서 테스트를 작성하는 일이 즐겁지 않아 테스트 작성을 회피한다.	이러한 외부 시스템 중에서 어느 하나가 제대로 작동하지 않으면 프로그램이 실패한다. 프로그램에 가한 수정이 어떤 효과를 낳을지 알기 어렵다. 클래스들을 리팩토링하기 어렵다. 시스템이 더 많은 실패 모드와 복구 경로를 가지게 된다.
코드가 비결정적인 nondeterministic 행동을 가진다.	테스트가 변덕스럽고 안정적이지 못하다. 가끔 실패하는 테스트가 그냥 무시된다.	프로그램이 경합 조건이나 재생하기 어려운 버그를 가지고 있을 확률이 높다. 프로그램의 논리를 따라가기가 어렵다. 현장에서 발생한 버그를 추적해서 수정하기가 매우 어렵다.

한편 만약 테스트 작성에 적합한 설계라면, 이는 좋은 신호다. [표 14-2]는 테스트와 설계가 가지는 좋은 특징을 보여준다.

[표 14-2] 설계가 가지는 좋은 특징

특징	테스트 장점	설계 장점
클래스들이 내부 상태를 거의 가지고 있지 않다.	메소드를 테스트하기 전에 설정할 일이 거의 없고 감추어져 있는 상태가 별로 없기 때문에 테스트 작성이 수월하다.	소수의 내부 상태를 가지는 클래스는 이해하기 더 간단하고 쉽다.
클래스/함수가 한 번에 하나의 일만 수행한다.	더 적은 테스트 코드가 요구된다.	더 작고 간단한 컴포넌트는 더 잘 모듈화되어 있고, 시스템이 서로 더 멀리 떨어져 있다.
클래스가 다른 클래스에 의존하지 않고, 서로 상당히 떨어져 있다.	각 클래스가 독립적으로 테스트된다 (여러 클래스를 동시에 테스트할 때에 비해서 훨씬 쉽다).	시스템이 병렬적으로 개발될 수 있다. 클래스가 쉽게 수정될 수 있고, 혹은 시스템의 나머지 부분에 영향을 주지 않으면서 제거될 수도 있다.
함수들이 간단하고 잘 정의된 인터페이스를 가지고 있다.	테스트 대상이 잘 정의되어 있다. 간단한 인터페이스는 테스트를 위해서 더 적은 일을 요구한다.	프로그래머가 인터페이스를 쉽게 배울 수 있어 해당 인터페이스는 재사용될 가능성이 더 높다.

지나친 테스트

도가 지나친 수준으로 테스트에 관심을 갖는 경우도 있다. 다음은 몇 가지 예다.

- 테스트를 가능하게 하려고 실제 코드의 가독성을 희생시킨다. 실제 코드 테스트를 가능하게 하는 것은 반드시 윈-윈 상황이 되어야 한다. 하지만 테스트를 가능하게 하려고 실제 코드에 지저분한 코드를 집어넣어야 한다면, 뭔가 잘못된 것이다.

- 100% 코드 테스트에 집착하는 일. 코드의 90%를 테스트하는 노력이 종종 나머지 10%를 테스트하는 비용보다 적은 노력이 들기도 한다. 그 10%는 어쩌면 버그로 인한 비용이 별로 높지 않기 때문에 굳이 테스트할 필요가 없는 사용자 인터페이스나 이상한 에러 케이스를 포함하고 있을지도 모른다.

- 사실, 코드를 100% 테스트하는 일은 일어나지 않는다. 테스트되지 않은 버그가 있을 수도 있고, 테스트되지 않은 기능이 있을 수도 있으며, 요구사항이 달라졌다는 사실을 모르고 있을 수도 있기 때문이다.

- 버그가 야기하는 비용이 어느 정도인지에 따라서, 테스트 코드를 작성하는 시간이 의미를 갖는 부분이 있고 그렇지 않은 부분도 있기 마련이다. 만약 웹사이트의 프로토타입을 만든다면, 테스트 코드 작성 건은 전혀 의미가 없다. 한편 우주선이나 의료장비를 통제하는 프로그램을 작성한다면 아마 테스트 코드에 주된 관심을 쏟아야 할 것이다.

- 테스트 코드로 실제 제품 개발이 차질을 빚게 되는 일. 우리는 단지 프로젝트의 일부분에 불과한 테스트가 프로젝트 전체를 지배하는 경우를 본 적이 있다. 테스트가 숭배되어야 하는 신의 자리를 차지하고, 프로그래머들은 자신의 시간이 다른 일에 쓰이는 것이 더 낫다는 사실을 망각한 채 자신을 위한 의식과 동작에 몰두한다.

요약

테스트 코드에서 가독성은 여전히 중요한 자리를 차지한다. 테스트가 읽기 편하면, 이를 작성하기 쉬워지고, 따라서 사람들은 더 많은 테스트를 작성하게 된다. 또한 만약 실제 코드를 테스트하기 쉬운 방식으로 작성하면 실제 코드 자체도 전반적으로 더 좋은 설계를 갖게 된다.

테스트를 개선하기 위한 구체적인 항목은 다음과 같다.

- 각 테스트의 최상위수준은 최대한 간결해야 한다. 이상적으로는 각 테스트의 입출력이 한 줄의 코드로 설명될 수 있어야 한다.

- 테스트에 실패하면, 버그를 추적해서 수정하는 데 도움이 될 만한 에러 메시지를 출력해야 한다.

- 코드의 구석구석을 철저하게 실행하는 가장 간단한 입력을 사용하라.
- 무엇이 테스트되는지 분명하게 드러나도록 테스트 함수에 충분한 설명이 포함된 이름을 부여하라. Test1()과 같은 이름대신, Test_〈함수이름〉_〈상황〉과 같은 형태의 이름을 사용하라.

무엇보다도, 테스트의 수정이나 추가가 쉬워야 한다.

15
'분/시간 카운터'를 설계하고 구현하기

실제 현장 코드에서 사용된 '분/시간 카운터' 데이터 구조를 예를 들어 살펴보자. 이 예를 통해서 여러분이 '프로그래머가 일반적으로 수행하는 자연스러운 사고의 흐름'을 밟도록 안내할 것이다. 제일 먼저 문제를 해결하려고 시도하고, 이어서 성능을 개선하고, 추가적인 기능을 더하는 흐름 말이다. 게다가 이 예에 지금까지 다루었던 원리를 동원하여 코드를 더 읽기 쉽게 만들 것이다. 그러는 동안에 우리는 어쩌면 잘못된 길로 들어서거나 실수를 저지를지도 모른다. 그런 일이 일어났을 때 곧바로 알아챌 수 있는지 여부를 확인해보기 바란다.

문제

우리는 웹 서버가 1분 동안 그리고 지난 1시간 동안 얼마나 많은 바이트를 전송했는지 추적할 필요가 있다. 다음 그림은 이러한 합계가 관리되는 방식을 보여준다.

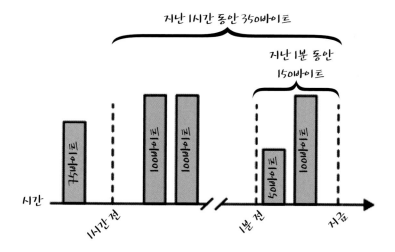

이는 매우 쉬운 문제이지만, 보다시피 효율적으로 해결하는 일은 흥미로운 도전이다. 우선 클래스 인터페이스를 정의하는 일부터 시작해보자.

클래스 인터페이스 정의하기

다음은 C++로 작성한 인터페이스의 첫 번째 버전이다.

```cpp
class MinuteHourCounter {
  public:
    // 카운트를 더한다.
    void Count(int num_bytes);

    // 1분 동안의 카운트를 반환한다.
    int MinuteCount();

    // 1시간 동안의 카운트를 반환한다.
    int HourCount();
};
```

우선 이 클래스를 구현하기 전에 바꿀 만한 이름이나 주석이 없는지 살펴보자.

이름을 개선하기

MinuteHourCounter라는 이름은 꽤 괜찮다. 매우 특징적이고, 구체적이며, 말하기도 쉽다.

위 클래스명이 괜찮다고 한다면 MinuteCount()와 HourCount()라는 메소드명도 그럴 듯하다. 이 메소드들을 GetMinuteCount()와 GetHourCount()로 부를 수도 있겠지만 그런 이름은 도움이 되지 않는다. 3장 '오해할 수 없는 이름들'에서 보았듯이 'get'이라는 단어는 보편적으로 '가벼운 접근자'라는 의미를 내포한다. 이제 곧 보겠지만 여기에서 위 두 함수의 구현은 별로 가볍지 않다. 따라서 'get'이 붙지 않는 편이 더 좋다.

하지만 Count()라는 이름은 문제가 있다. 우리는 동료 프로그래머들에게 Count()가 어떤 일을 수행할 것으로 보이는지 물었는데, 어떤 사람들은 "전체 시간에 대한 카운트의 총합을 반환할 것 같다"고 대답했다. 이 이름은 직관에 위배되는 것이다(말장난이 아니다). 문제는 Count라는 단어가 "지금까지 본 샘플들의 수를 센 값을 원한다" 혹은 "이 샘플의 수를 세기 원한다"처럼 명사와 동사의 의미를 모두 가진다는 사실에서 비롯된다.

다음은 Count() 대신 사용할 수 있을 만한 다른 이름들이다.

- Increment()
- Observe()
- Record()
- Add()

Increment()는 값이 계속 증가만 한다는 사실을 의미하기 때문에 오해의 소지가 있다 (여기서는 시간의 카운트 값이 올라가기도 하고 내려가기도 한다).

Observe()는 괜찮지만 다소 모호하다.

Record()도 명사/동사 문제가 있기 때문에 좋지 않다.

Add()는 "수치적으로 더하라" 혹은 "데이터 리스트에 더하라" 모두를 의미하고 있어 그럴 듯하다. 위 예는 이러한 두 의미를 모두 가지고 있기 때문에 어울린다. 따라서 메소드의 이름을 void Add(int num_bytes)로 고칠 것이다.

하지만 num_bytes라는 인수의 이름이 지나치게 특징적이다. 물론 우리의 주된 사용 예는 바이트를 헤아리는 것이지만, MinuteHourCounter가 이러한 사실을 알 필요는 없다. 다른 사람은 이 클래스를 질의^{queries}나 데이터베이스 트랜잭션을 헤아리기 위해서 사용할지도 모른다. 따라서 우리는 delta처럼 더 일반적인 이름을 사용할 수 있다. 하지만 delta라는 단어는 음수값을 가질 수 있을 때 사용한다. 이는 우리가 원하는 바가 아니다. count라는 이름이 더 낫다. 간단하고, 일반적이고, '음수가 아니라는' 사실을 함축하고 있다. 또한 그것은 우리로 하여금 'count'라는 단어를 덜 모호한 문맥에서 사용할 수 있도록 만들어 주기도 한다.

주석을 개선하기

다음은 현재의 클래스 인터페이스다.

```
class MinuteHourCounter {
  public:
  // 카운트를 더한다.
  void Add(int count);

  // 1분 동안의 카운트를 반환한다.
```

```
    int MinuteCount();

    // 1시간 동안의 카운트를 반환한다.
    int HourCount();
};
```

메소드에 있는 주석을 하나씩 살펴보면서 개선하자. 먼저 첫 번째 주석이다.

```
// 카운트를 더한다
void Add(int count);
```

주석(원서에서는 // Add a count)은 이제 함수명과 완전히 중복이다. 아예 지우거나
아니면 개선되어야 한다. 다음은 개선된 버전이다.

```
// 새로운 데이터 포인트를 더한다 (count >= 0).
// 다음 1분 동안 MinuteCount()는 +count에 의해서 값이 커진다.
// 다음 1시간 동안 HourCount()는 +count에 의해서 값이 커진다.
void Add(int count);
```

이제 MinuteCount()의 주석을 보자.

```
// 1분 동안의 카운트를 반환한다.
int MinuteCount();
```

동료들에게 이 주석이 의미하는 바를 물었더니, 다음과 같이 충돌하는 두 가지 해석이
나왔다.

1 12:13 p.m.처럼 현재의 분에 해당하는 카운트를 반환한다.

2 시계가 나타내는 분에 상관없이 지난 60초 동안에 해당하는 카운트를 반환한다.

실제로 동작하는 방식은 두 번째 해석을 따른다. 따라서 언어 자체가 야기하는 혼란을
제거하여 설명을 더 명확하고 자세하게 만들어보자.

```
// 지난 60초 동안 누적된 카운트를 반환한다.
int MinuteCount();
```

HourCount()는 이와 동일한 방식으로 개선할 수 있다.

다음은 지금까지 개선한 내용과 클래스 주석도 포함한 클래스 정의다.

```
// 지난 1분과 지난 1시간 동안 누적된 카운트를 추적한다.
// 예를 들어 최근의 대역폭 사용량을 확인할 수 있다.
class MinuteHourCounter {
    // 새로운 데이터 포인트를 더한다 (count >= 0).
    // 다음 1분 동안 MinuteCount()는 +count에 의해서 값이 커진다.
    // 다음 1시간 동안 HourCount()는 +count에 의해서 값이 커진다.
    void Add(int count);

    // 지난 60초 동안 누적된 카운트를 반환한다.
    int MinuteCount();

    // 지난 3600초 동안 누적된 카운트를 반환한다.
    int HourCount();
};
```

(간결함을 위해서 지금부터는 코드에서 주석을 제외하겠다.)

타인의 의견을 구하기

우리는 보편적인 생각을 알아내기 위해 동료에게 여러 차례 의견을 물었다. 타인의 의견을 구하는 행위는 자신의 코드가 '사용자에게 친숙한지' 여부를 확인하는 훌륭한 방법이다. 다른 사람들이 코드를 읽고 받는 첫인상이 가장 중요하므로 거기에 주목할 필요가 있다.

여러분과 같은 결론에 도달할지도 모르므로 타인의 첫인상에 주목하라. 여기에서 말하는 '타인'이란 6개월 후의 자신도 포함된다.

시도1: 순진한 해결책

이제 문제를 해결해보자. 우선 매우 단순한 해결책부터 시작하자. 시간을 담고 있는 '이벤트들'의 리스트를 이용하는 것이다.

```
class MinuteHourCounter {
    struct Event {
        Event(int count, time_t time) : count(count), time(time) {}
        int count;
        time_t time;
    };
```

```
    list<Event> events;

public:
    void Add(int count) {
        events.push_back(Event(count, time()));
    }
    ...
};
```

그다음에는 필요에 따라서 가장 최근 이벤트들을 순차적으로 반복한다.

```
class MinuteHourCounter {
    ...
    int MinuteCount() {
        int count = 0;
        const time_t now_secs = time();
        for (list<Event>::reverse_iterator i = events.rbegin();
            i != events.rend() && i->time > now_secs - 60; ++i) {
            count += i->count;
        }
        return count;
    }
    int HourCount() {
        int count = 0;
        const time_t now_secs = time();
        for (list<Event>::reverse_iterator i = events.rbegin();
            i != events.rend() && i->time > now_secs - 3600; ++i) {
            count += i->count;
        }
        return count;
    }
};
```

이 코드는 이해하기 쉬운가?

이 해결책은 '정확'하지만, 가독성과 관련한 두 가지 문제가 있다.

- for 루프가 다소 산만하다. 루프를 읽을 때 대부분의 프로그래머는 속도가 둔화된다(혹은 버그가 없는
  지 확인하기 위해서 일부러라도 속도를 늦춰야 한다).

- MinuteCount()와 HourCount()의 내용이 거의 똑같다. 두 메소드의 중복된 코드를 공유하면 전체
  코드양은 줄어들 것이다. 중복된 코드가 상대적으로 복잡하기 때문에 코드 공유는 특히 중요한 의미를
  갖는다(어려운 코드를 한 장소에 몰아두는 것이 언제나 더 좋은 법이다).

더 읽기 쉬운 버전

MinuteCount()와 HourCount()는 60 대 3600이라는 상수값 하나만 다르고 나머지
는 똑같다. 두 경우를 모두 다룰 수 있는 헬퍼 함수를 만들기에 앞서 리팩토링 수행은
당연하다.

```cpp
class MinuteHourCounter {
  list<Event> events;

  int CountSince(time_t cutoff) {
    int count = 0;
    for (list<Event>::reverse_iterator rit = events.rbegin();
        rit != events.rend(); ++rit) {
      if (rit->time <= cutoff) {
        break;
      }
      count += rit->count;
    }
    return count;
  }

public:
  void Add(int count) {
    events.push_back(Event(count, time()));
  }

  int MinuteCount() {
    return CountSince(time() - 60);
  }
  int HourCount() {
    return CountSince(time() - 3600);
  }
};
```

이 새로운 코드에는 짚고 넘어갈 몇몇 부분이 있다.

우선 CountSince()가 상대적인 값인 secs_ago(60 혹은 3600)가 아니라 절대적인 값
인 cutoff를 파라미터로 받아들이고 있음에 주목하라. 어느 쪽이든 동작하는 데 지장
은 없지만, 이렇게 고정된 값을 받아들이는 CountSince()가 더 쉽다.

두 번째로 반복자를 i에서 rit로 바꾸었다. i라는 이름은 보통 정수 인덱스값과 더불어

사용된다. 우리는 반복자의 이름으로 흔히 사용되는 it를 고려하기도 했다. 하지만 이 경우에 역방향 반복자reverse iterator이므로 그 사실을 강조하는 일은 매우 중요했다. 게다가 변수명에 접두어 r을 붙이면 결과적으로 rit != events.rend() 같은 구문과 알맞은 대칭을 이룬다.

끝으로 rit -> time <= cutoff라는 조건을 for 루프에서 꺼내어 별도의 if 문으로 만들었다. 왜냐하면 for(begin; end; advance) 형태의 '전통적인' for 루프가 더 읽기 쉽기 때문이다. 이러한 코드를 보는 사람은 리스트에 있는 "모든 요소에 방문한다"는 사실을 즉각적으로 깨닫게 되므로 더 이상 그러한 사실을 생각하지 않아도 된다.

성능 문제

코드의 겉모습은 개선했지만 이 설계는 성능과 관련한 두 가지 심각한 문제가 있다.

1 계속해서 늘어나기만 한다.

이 클래스는 한 번이라도 발생한 이벤트를 모두 보관하기 때문에 메모리 사용량이 끝없이 증가한다! MinuteHourCounter에서 더는 필요가 없는 1시간이 지난 데이터를 자동으로 삭제하는 편이 바람직하다.

2 MinuteCount()와 HourCount()가 너무 느리다.

CountSince() 메소드는 시간 범위에 있는 데이터 포인트의 개수가 n일 때 $O(n)$만큼의 시간을 소모한다. 초당 100번 Add()를 호출하는 고성능 서버를 생각해보자. HourCount()가 호출될 때마다 100만 개가 넘는 데이터 포인트를 처리해야 한다! MinuteHourCounter에 별도의 minute_count 와 hour_count 변수를 두어 Add()이 호출될 때마다 값을 반영하는 방법이 바람직하다.

시도2: 컨베이어 벨트 설계

앞의 두 문제를 모두 해결해주는 설계가 필요하다.

1 필요 없는 데이터를 삭제하라.

2 미리 계산된 minute_count와 hour_count의 총합이 가장 최근에 계산된 값을 담게 하라.

우리는 리스트를 마치 컨베이어 벨트처럼 이용할 것이다. 한쪽 끝에 도착한 새로운 데이터를 총합에 더하고, 데이터가 너무 오래되면(유효시간을 넘기면) 해당 데이터가 한쪽 끝에서 '떨어져 나가고', 우리는 해당 값을 총합에서 빼면 된다.

이러한 컨베이어 벨트의 설계를 구현하는 방법은 다양하다. 첫 번째 소개할 해결책은 독립적인 리스트 두 개를 사용하는 방법이다. 하나는 지난 1분 동안에 대한 리스트고, 다른 하나는 지난 1시간에 대한 리스트다. 새로운 이벤트가 도착하면 값을 복사하여 두 리스트에 넣는다.

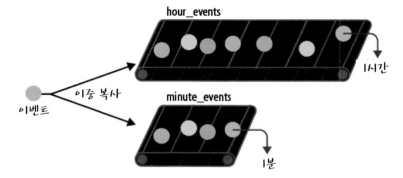

이 방법은 매우 간단하지만, 모든 이벤트의 복사본을 항상 두 번 만들어서 비효율적이다.

다른 해결책으로 이벤트가 일단 하나의 리스트에 ('지난 1분 동안에 대한' 리스트) 들어가고, 그 다음에 두 번째 리스트('지난 1시간 동안에 대한' 리스트, 하지만 지난 1분 동안에 대한 리스트는 아닌)에 들어가는 방법이 있다.

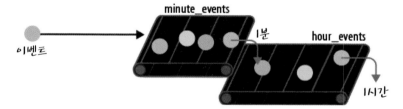

이와 같은 '2단계' 컨베이어 벨트 설계 방식이 더 효과적인 듯하니 구현해보자.

2단계 컨베이어 벨트를 설계하고 구현하기
우선 클래스가 들어가는 멤버를 나열해본다.

```
lass MinuteHourCounter {
    list<Event> minute_events;
    list<Event> hour_events; // minute_events에 들어 있지 않은 것들만 담는다.
```

```
    list minute_count;
    list hour_count; // 지난 1분을 포함해서 지난 1시간 동안 발생한 이벤트를 모두 센다.
};
```

이 컨베이어 벨트 설계의 핵심은 시간이 지나면 이벤트를 '옮겨서' 이벤트들이 minute_events에서 hour_events로 움직이고, 따라서 minute_count와 hour_count가 적절하게 수정되도록 만드는 데 있다. 이를 위해서 ShiftOldEvents()라는 헬퍼 메소드를 만들 것이다. 이 메소드를 갖추면 클래스의 나머지 부분은 쉽게 구현할 수 있다.

```
void Add(int count) {
    const time_t now_secs = time();
    ShiftOldEvents(now_secs);

    // 분을 위한 리스트에 넣는다(시간을 위한 리스트에 들어가는 것은 나중이다).
    minute_events.push_back(Event(count, now_secs));

    minute_count += count;
    hour_count += count;
}

int MinuteCount() {
    ShiftOldEvents(time());
    return minute_count;
}

int HourCount() {
    ShiftOldEvents(time());
    return hour_count;
}
```

모든 지저분한 일들은 ShiftOldEvents()에 맡겼다.

```
// 오래된 이벤트를 찾아서 삭제하고, hour_count와 minute_count의 값을 감소시킨다.
void ShiftOldEvents(time_t now_secs) {
    const int minute_ago = now_secs - 60;
    const int hour_ago = now_secs - 3600;
```

```
        // 1분 이상 지난 이벤트는 'minute_events'에서 'hour_events'로 이동시킨다.
        // (1시간 이상 지난 이벤트는 두 번째 루프에서 삭제될 것이다).
        while (!minute_events.empty() && minute_events.front().time <= minute_ago) {
            hour_events.push_back(minute_events.front());

            minute_count -= minute_events.front().count;
            minute_events.pop_front();
        }

        // 1시간 이상 지난 이벤트는 'hour_events'로부터 삭제한다.
        while (!hour_events.empty() && hour_events.front().time <= hour_ago) {
            hour_count -= hour_events.front().count;
            hour_events.pop_front();
        }
    }
```

이것으로 끝일까?

앞에서 언급했던 성능과 관련된 두 가지 문제를 모두 해결했다. 그리고 이 새로운 해결책은 정상적으로 동작한다. 대부분의 애플리케이션은 이 정도의 해결책이면 충분할 것이다. 하지만 몇 가지 결함이 여전히 존재한다.

우선 설계가 유연하지 않다. 지난 24시간에 대한 카운트를 알고 싶다고 해보자. 요구사항이 이렇게 달라지니 이미 작성한 코드의 대대적인 수정은 불가피하다. 이미 눈치 챘을지도 모르겠지만 ShiftOldEvents()의 내용은 상당히 압축적이기 때문에 분과 시간의 값이 달라지면 함수의 내용도 수정되어야 한다.

두 번째로 이 클래스는 상당히 많은 메모리를 소비한다. 트래픽이 많은 서버가 Add()를 초당 100번 호출한다고 하자. 지난 1시간 분량의 데이터를 보관하므로 이 코드는 대략 5MB 정도의 메모리를 사용한다.

Add()가 더 자주 호출되면 더 많은 메모리가 소모된다. 실전 환경에서 크고 예측이 어려운 분량의 메모리를 사용하는 라이브러리는 별로 좋지 않다. MinuteHourCounter는 Add()가 호출되는 횟수에 상관없이 일정한 양의 메모리를 사용하는 것이 바람직하다.

시도3: 시간-바구니 설계

아직 눈치채지 못했을지도 모르지만, 앞의 두 구현에는 작은 버그가 있다. 우리는 정수로 표현되는 초 값을 보관하는 time_t로 시간[timestamp]을 저장했다. 정수를 위한 반올림이 일어나기 때문에 MinuteCount()가 실제로 반환하는 값은 함수의 호출이 정확히 어느 순간에 이루어지는가에 따라서 59초 전과 60초 전전 사이의 어느 시점에 존재하는 데이터 값이다.

예를 들어 만약 이벤트가 time = 0.99초에 발생하면 t=0로 내림된다. 만약 MinuteCount()가 time = 60.1초에 발생하면 t=1, 2, 3, ...60에 대한 총합을 반환한다. 따라서 0.99초에 발생한 첫 번째 이벤트는 실제로 60초 이내에 발생한 이벤트지만 총합에 포함되지 못한다.[1]

평균적으로 MinuteCount()는 59.5초에 해당하는 데이터를 반환한다. 그리고 HourCount()는 (무시해도 좋은 오차를 포함하고 있는) 3599.5초의 데이터를 반환한다.

초보다 더 세밀한 단위를 이용하면 이러한 문제를 해결할 수 있다. 하지만 흥미롭게도 MinuteHourCounter를 이용하는 애플리케이션은 대부분 그 정도로 세밀한 수준의 정확성을 요구하지 않는다. 이러한 사실을 이용해서 훨씬 더 빠르고 공간을 적게 차지하는 MinuteHourCounter를 설계해보자.

핵심은 작은 시간 범위에 들어오는 이벤트를 하나의 바구니에 담고 총합을 구하는 일이다. 예를 들어 지난 1분 동안에 발생한 이벤트는 60개의 분리된 바구니에 담길 수 있다. 각 바구니는 1초의 넓이를 갖는다. 지난 1시간 동안 발생한 이벤트들도 60개의 분리된 바구니 안에 담길 수 있다. 이 경우에 각 바구니는 1분의 넓이를 갖는다.

---

1 역자주_위 알고리즘에서 for 루프의 조건을 생각해보라.

    for (list⟨Event⟩::reverse_iterator i = events.rbegin(); i != events.rend() && i→time ⟩ now_secs − 60; ++i)

처음 두 구현에 의하면 이벤트의 time이 time ⟩ now_secs − 60이라는 조건을 만족시키는 경우에 한해서 카운트에 포함되고 있다. 예를 들어 만약 now_secs가 160이고 어느 이벤트의 time이 100.9라고 하자. 그렇다면 이 이벤트의 time은 100.9 ⟩ 160 − 60이라는 조건을 만족시키므로 지난 1분에 대한 카운트에 포함되어야 한다. 하지만 time을 저장하는 데이터형 time_t는 100.9를 정수인 100으로 내림한다. 따라서 이 이벤트의 time 값은 100이 되어 100 ⟩ 160 − 60이라는 조건을 만족시키지 못한다. 이 이벤트는 실제로 지난 1분 이내에 발생한, 정확하게 말하면 59.1초 전에 발생한 사건이지만 카운트를 계산할 때 포함되지 않는다. 저자는 바로 이러한 버그를 이야기하고 있는 것이다.

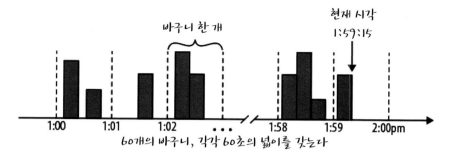

그림과 같은 바구니를 사용하면 MinuteCount()와 HourCount()는 60초 혹은 60분마다 바구니 하나를 사용하므로 측정하는 값이 정확할 것이다. 이 정도 정확성이면 충분하다[2].

더 높은 정확성이 필요하다면 더 큰 메모리 용량을 사용하는 대신 더 많은 바구니를 사용할 수 있다. 하지만 여기에서 중요한 점은 이러한 설계가 고정되고 예측 가능한 메모리 용량을 사용한다는 사실이다[3].

시간-바구니를 설계하고 구현하기

이러한 설계를 하나의 클래스로 구현하려면 생각조차 할 수 없을 정도로 복잡하게 뒤얽힌 코드를 작성해야 한다. 그렇게 하는 대신 11장의 '한 번에 하나씩'에서 제시한 "이 문제가 가지고 있는 서로 다른 부분을 각각 별도의 클래스로 만들라"라는 조언을 따를 것이다.

우선 (예컨대 지난 1시간 동안처럼) 어떤 시간 간격에 대한 카운트를 저장하는 별도의 클래스를 작성하는 일부터 시작하자. 이 클래스를 TrailingBucketCounter라고 부를 것이다. 이는 MinuteHourCounter와 달리 오직 하나의 시간 간격만을 처리하는 일반적인 버전이다. 다음은 이 클래스의 인터페이스다.

---

2 **저자주**_앞에서 보았던 해결책과 비슷하게. 마지막 바구니는 평균적으로 반 정도만 찬다. 이 설계에서는 60개 대신 61개의 바구니를 보관함으로써 이와 같이 실제보다 약간 부족한 부분을 보충할 수 있다. 이때 '현재 진행 중인' 바구니는 무시한다. 하지만 이렇게 하면 부분적으로 데이터를 '사용될 수 없게' 된다. 따라서 더 나은 수정은 현재 진행 중인 바구니를 가장 오래된 바구니의 보완 분수complementary fraction와 결합해서 편향되지 않으면서도 가장 최신의 값을 보유하는 카운트를 얻도록 하는 것이다. 이러한 설계를 구현하는 일은 독자의 몫으로 남겨둔다.

3 **역자주**_그림에서 하나의 바구니를 나타내는 눈금을 시계의 분침이라고 생각하자. 이 함수에 대한 호출은 분침이 움직이는 정확한 지점, 즉 1:00, 1:01, 1:02와 같이 정확한 지점에서 발생하는 것이 아니라 눈금과 눈금 사이에 있는 임의의 지점에서 발생할 수 있다. 동그란 판을 60개의 눈금으로 나누고, 다트화살을 날린다고 해보면 더 쉽다. 이때 화살이 꽂히는 지점은 눈금의 위치가 되기 보다는, 눈금과 눈금 사이에 존재하는 임의의 지점이 될 것이다. 다트를 아주 많이 던지다 보면 이렇게 눈금과 눈금 사이에 존재하는 임의의 지점은 평균적으로 눈금과 눈금 사이의 가운데 부분 정도가 된다. 0과 1 사이에 존재하는 임의의 지점에 대해서 평균을 내면 0.5정도가 되는 원리와 같다. 과거 60초에 대한 데이터를 요구하는 함수에 대한 호출은 실제로 컨베이어 벨트가 59초와 60초 사이의 어느 지점을 지나는 시점에서 일어나기 때문에 함수에 대한 호출이 일어나는 시점에서 마지막 바구니는 '평균적으로' 반 정도만 차있다. 바구니 전체가 차 있는 것이 아니라 반 정도만 차있기 때문에 '실제보다 부족하다'고 말하고 있으며, 그 부분을 채워넣으려면 사용자가 지난 60초에 대한 데이터를 요청했을 때 실제로는 지난 61초에 대한 데이터를 반환하면 된다.

```
// 지난간 N개의 바구니에 대한 카운트를 보관하는 클래스
class TrailingBucketCounter {
 public:
   // 예: TrailingBucketCounter(30, 60)은 지난 30분에 해당하는 바구니를 처리한다.
   TrailingBucketCounter(int num_buckets, int secs_per_bucket);

   void Add(int count, time_t now);

   // Return the total count over the last num_buckets worth of time
   int TrailingCount(time_t now);
};
```

Add()와 TrailingCount()가 왜 현재 시간(time_t now)을 인수로 받아들이는지 궁금할지도 모르겠다. 그러한 함수들이 스스로 time()을 호출해서 현재 시간을 계산하는 방법이 더 낫지 않을까?

이상하게 보일지 몰라도 현재 시간을 인수로 전달하는 방법은 몇 가지 장점이 있다. 덕분에 TrailingBucketCounter는 '시계가 없는' 클래스일 수 있어 테스트하기 더 쉽고, 버그도 적다. 두 번째로 time()에 대한 호출을 모두 MinuteHourCounter 내부로 제한할 수 있다. 시간에 민감한 시스템에서는 시간을 얻는 함수를 한 곳에 모아 두고 호출하는 편이 좋다.

이미 TrailingBucketCounter가 구현되었다면 MinuteHourCounter 구현은 어렵지 않다.

```
class MinuteHourCounter {
   TrailingBucketCounter minute_counts;
   TrailingBucketCounter hour_counts;

public:
   MinuteHourCounter() :
      minute_counts(/* num_buckets = */ 60, /* secs_per_bucket = */ 1),
      hour_counts( /* num_buckets = */ 60, /* secs_per_bucket = */ 60) {
   }

   void Add(int count) {
      time_t now = time();
      minute_counts.Add(count, now);
      hour_counts.Add(count, now);
```

```
    }

    int MinuteCount() {
        time_t now = time();
        return minute_counts.TrailingCount(now);
    }

    int HourCount() {
        time_t now = time();
        return hour_counts.TrailingCount(now);
    }
};
```

이 코드는 전보다 훨씬 읽기 쉽고, 유연하기까지 하다. 따라서 (정확성을 높이는 대신 더 많은 메모리를 사용하도록) 바구니의 수를 늘리는 일이 매우 쉬워졌다.

이제 우리는 기저에 깔린 카운트와 그들의 총합을 다루는 일을 수행하는 ConveyorQueue라는 데이터 구조를 만들 것이다. TrailingBucketCounter 클래스는 얼마나 많은 시간이 지났는 지에 따라서 ConveyorQueue를 움직이는 일에 초점을 맞출 수 있다.

다음은 ConveyorQueue의 인터페이스다.

```
// 오래된 데이터가 큐의 한쪽 끝에서 '떨어져 나가는' 최대로 많은 수의 슬롯을 가지고 있는 큐
class ConveyorQueue {
    ConveyorQueue(int max_items);

    // 큐의 뒤에 있는 값을 증가시킨다.
    void AddToBack(int count);

    // 큐에 있는 각 값이 'num_shifted'만큼 앞으로 움직인다.
    // 이제 항목들은 다시 0으로 초기화된다.
    // 가장 오래된 항목들이 제거되므로 항목의 수는 max_items보다 작거나 같다.
    void Shift(int num_shifted);

    // 현재 큐에 있는 모든 항목의 총합을 반환한다.
    int TotalSum();
};
```

위 인터페이스가 구현되어 있으니 TrailingBucketCounter 구현은 식은 죽 먹기다.

```
class TrailingBucketCounter {
   ConveyorQueue buckets;
   const int secs_per_bucket;
   time_t last_update_time; // Update()가 마지막으로 호출된 시간

   // 얼마나 많은 '바구니 시간'이 지났는지 계산하고 그에 따라서 Shift()를 호출한다.
   void Update(time_t now) {
      int current_bucket = now / secs_per_bucket;
      int last_update_bucket = last_update_time / secs_per_bucket;

      buckets.Shift(current_bucket - last_update_bucket);
      last_update_time = now;
   }

public:
   TrailingBucketCounter(int num_buckets, int secs_per_bucket) :
      buckets(num_buckets),
      secs_per_bucket(secs_per_bucket) {
   }

   void Add(int count, time_t now) {
      Update(now);
      buckets.AddToBack(count);
   }

   int TrailingCount(time_t now) {
      Update(now);
      return buckets.TotalSum();
   }
};
```

프로그램을 TrailingBucketCounter와 ConveyorQueue라는 두 클래스로 나누어 11장의 '한 번에 하나씩'에서 논의했던 내용을 실천했다. ConveyorQueue를 만들지 않고 그냥 모든 코드를 직접 TrailingBucketCounter 안에 넣을 수도 있었다. 하지만 이렇게 둘로 나누면 코드를 더 쉽게 이해할 수 있다.

ConveyorQueue 구현하기

이제 ConveyorQueue를 구현하면 된다.

```cpp
// 오래된 데이터가 한쪽 끝에서 '떨어져 나가는' 최대로 많은 수의 슬롯을 가지고 있는 큐
class ConveyorQueue {
    queue<int> q;
    int max_items;
    int total_sum; // q에 있는 모든 항목의 총합

  public:
    ConveyorQueue(int max_items) : max_items(max_items), total_sum(0) {
    }

    int TotalSum() {
        return total_sum;
    }

    void Shift(int num_shifted) {
        // 너무 많은 항목이 움직이면, 그냥 큐가 비도록 만든다.
        if (num_shifted >= max_items) {
            q = queue<int>(); // clear the queue
            total_sum = 0;
            return;
        }
        // 모든 필요한 0을 큐에 넣는다.
        while (num_shifted > 0) {
            q.push(0);
            num_shifted--;
        }

        // 경계를 벗어난 항목들이 모두 떨어져 나가도록 만든다.
        while (q.size() > max_items) {
            total_sum -= q.front();
            q.pop();
        }
    }

    void AddToBack(int count) {
        if (q.empty()) Shift(1); // q가 최소한 1개의 항목을 갖도록 하라.
        q.back() += count;
        total_sum += count;
    }
};
```

완성이다! 이제 우리는 빠르고 메모리도 효율적으로 사용하는 MinuteHourCounter

와 유연하여 재사용이 용이한 TrailingBucketCounter를 갖추었다. 예를 들어 이제는 하루 전이나 지난 10분처럼 다양한 시간 범위에 대해서 카운트를 수행하는 다재다능한 RecentCounter와 같은 클래스를 쉽게 구현할 수 있다.

3가지 해결책 비교하기

이 장에서 보았던 해결책 모두를 비교해보자. 다음 테이블은 코드의 크기와 (초당 100 번의 Add() 호출이라는 높은 트래픽을 상정한) 성능의 통계수치를 나타내고 있다.

해결책	코드 줄 수	HourCount() 비용	메모리 사용량	HourCount()에 담긴 에러
순진한 해결책	33	O(시간당 이벤트 수) (~3백6십만)	무제한	3,600개당 1개
컨베이어 벨트 설계	55	O(1)	O(시간당 이벤트 수) (~5MB)	3,600개당 1개
시간-바구니 설계 (60 바구니)	98	O(1)	O(바구니 수) (~500 바이트)	60개당 1개

마지막에 세 클래스를 사용한 해결책이 다른 두 시도에 비해서 더 많은 코드를 사용하고 있음에 주목하라. 코드는 많이 사용하지만 성능은 훨씬 뛰어나고, 설계도 더 유연하다. 또한 각각의 클래스는 훨씬 읽기 편하다. 이는 언제나 긍정적인 변화다. 읽기 쉬운 100줄의 코드는 읽기 어려운 50줄의 코드에 비해서 훨씬 낫다.

문제를 해결하려고 여러 개의 클래스를 사용하면 (클래스를 하나만 사용하는 해결책에는 존재하지 않는) 클래스 상호간에 존재하는 복잡성 문제를 야기할 수 있다. 그렇지만 여기서 사용한 해결책에는 클래스1이 클래스2를 사용하고, 클래스2는 클래스3을 이용하는 것처럼 직선으로 나아가는 선형적인 관계가 존재하기 때문에 사용자는 클래스1의 존재만 알고 있으면 충분하다. 즉 사용자는 여러 클래스의 존재를 알 필요가 없는 것이다. 그래서 전체적으로 보았을 때 이 문제를 해결하기 위해서는 여러 개의 클래스를 이용하는 방법이 좋다.

최종 MinuteHourCounter 설계에 이르기까지 밟았던 단계를 다시 복습해보자. 그 과정은 다른 코드들이 진화하는 과정을 전형적으로 보여준다.

우선 순진한 해결책을 구현하는 일부터 시작했다. 이 해결책은 속도와 메모리 사용량이라는, 설계와 관련된 두 가지 도전을 깨닫는 데 도움을 주었다.

그 다음으로 '컨베이어 벨트' 설계를 시도했다. 이 설계는 속도와 메모리 사용량을 개선했지만, 고성능 애플리케이션에는 충분하지 않았다. 또한 유연성도 매우 떨어졌다. 다른 종류의 시간 범위에서 비슷한 동작을 수행하려면 작업량이 너무 많았다.

마지막 설계는 전체를 여러 개의 하위문제로 쪼갬으로써 앞의 두 문제를 해결했다. 다음은 구현한 세 클래스를 상향식 순서로 나열한 것이다. 각 클래스가 해결한 하위문제도 포함되어 있다.

- **ConveyorQueue** : 시스템이 허락하는 한도 내에서 무제한의 크기를 갖는 큐로서 옆으로 한 칸 움직이일 수 있으며, 큐 안에 담긴 모든 항목의 총합을 관리한다.

- **TrailingBucketCounter** : 시간의 흐름에 따라서 ConveyorQueue를 옆으로 한 칸 이동시키고, (현재 시간에 가장 가까운 최근) 시간구간의 카운트를 저장한다.

- **MinuteHourCounter** : TrailingBucketCounter 두 개를 보관한다. 하나는 1분, 다른 하나는 1시간에 대한 카운트용이다.

Appendix

추가적인 도서목록

우리는 이 책을 쓰기 위해서 현장에서 쓰이는 수백 개의 코드를 분석하여 실제로 동작하는 코드를 걸러내었다. 이러한 작업을 하면서 우리의 목적에 도움을 주는 많은 책과 기사를 읽었다.

더 많은 내용을 배우고 싶다면, 여기에 있는 자료를 참고하기 바란다. 이 목록은 완벽하지는 않지만 좋은 출발점을 제공해준다.

높은 수준의 코드를 쓰는 방법을 다루는 책들

『Code Complete: A Practical Handbook of Software Construction, 2nd edition』

Steve McConnell 저, Microsoft Press, 2004

코드의 품질과 그밖에 여러 가지 주제를 다루고 있다. 소프트웨어 작성의 모든 측면을 엄격하게 잘 연구한 책.

『Refactoring: Improving the Design of Existing Code』

Martin Fowler et al 저, Addison-Wesley Professional, 1999

코드를 점진적으로 개선하는 철학에 대한 훌륭한 책. 많은 다양한 리팩토링 목록을 자세하게 포함하며, 문제를 일으키지 않으면서 이러한 수정을 가하는 단계별 접근을 논의한다.

『The Practice of Programming』

Brian Kernighan과 Rob Pike 공저, Addison-Wesley Professional, 1999

다양한 예제 코드와 함께 디버깅, 테스트, 이식성, 성능을 포함하는 프로그래밍의 여러 측면을 논의한다.

『The Pragmatic Programmer: From Journeyman to Master』

Andrew Hunt와 David Thomas 공저, Addison-Wesley Professional, 1999

프로그래밍과 엔지니어링을 위한 여러 가지 좋은 원리를 모아놓고, 각각에 대해서 짧게 논의한다.

『Clean Code: A Handbook of Agile Software Craftsmanship』

Robert C. Martin 저, Prentice Hall, 2008

우리의 책과 비슷하다(하지만 자바를 위한 책이다). 에러 처리와 동시성 같은 주제
도 다루고 있다.

다양한 프로그래밍 주제에 대한 책들

『JavaScript: The Good Parts』

Douglas Crockford 저, O'Reilly, 2008

이 책은 특별히 가독성에 대한 내용은 아니지만, 우리의 책과 비슷한 의도를 가지고
있다고 생각한다. 에러를 낳을 가능성이 낮고 이해하기 더 쉬운, 자바스크립트 언어
의 깔끔한 부분집합에 대한 책이다. 우리나라에는 『더글라스 크락포드의 자바스크
립트 핵심 가이드』(한빛미디어, 2008)라는 이름으로 출간되었다.

『Effective Java, 2nd edition』

Joshua Bloch 저, Prentice Hall, 2008

자바 프로그램을 읽기 쉽고, 버그로부터 자유롭게 만드는 방법에 대한 경이로운 책.
비록 자바언어를 위한 책이긴 하지만, 이 책이 설명하는 원리의 많은 부분이 모든
언어에 적용될 수 있다. 일독을 권한다.

『Design Patterns: Elements of Reusable Object-Oriented Software』

Erich Gamma외 3명 공저, Addison-Wesley Professional, 1994

소프트웨어 엔지니어들이 객체지향 프로그래밍에 대해서 논의할 수 있도록 '패턴'이
라는 공통의 언어를 다루고 있는 오리지널 책. 공통적이고 유용한 패턴을 목록화한
이 책은 프로그래머들이 어려운 문제를 해결하고자 할 때 흔히 빠지기 쉬운 함정을
피하도록 도움을 준다.

『Programming Pearls, 2nd edition』

Jon Bentley 저, Addison-Wesley Professional, 1999

실제 소프트웨어 문제들에 대한 일련의 기사를 담고 있는 책. 각 장마다 실제 세상에서의 문제를 해결하는 데 필요한 뛰어난 통찰을 담고 있다.

『High Performance Web Sites』

Steve Souders 저, O'Reilly, 2007

프로그래밍에 대한 책은 아니지만, 이 책은 (13장 '코드 분량 줄이기'와 같은 방식으로) 많은 코드를 작성하지 않으면서 웹사이트를 최적화할 수 있는 여러 방법을 설명하고 있어 주목할 만하다.

『Joel on Software: And on Diverse and …』

Joel Spolsky 저

http://www.joelonsoftware.com/에 있는 글 중에서 좋은 글을 묶어놓았다. 조엘은 소프트웨어 공학의 여러 가지 측면에 대해서 글을 쓰며, 관련된 주제에 대한 날카로운 통찰을 가지고 있다. 『절대로 해서는 안 되는 일들, 1부』와 『조엘 테스트: 더 나은 코드를 향한 12 단계』를 꼭 읽도록 하라.

역사적 사례를 담고 있는 책들

『Writing Solid Code』

Steve Maguire 저, Microsoft Press, 1993

이 책은 불행하게도 조금 오래된 편이지만, 코드를 버그로부터 자유롭게 만드는 뛰어난 조언으로 우리에게 영향을 주었다. 이 책을 읽으면 우리가 제안하는 내용과 중첩되는 부분이 많다는 사실을 알게 될 것이다.

『Smalltalk Best Practice Patterns』

Kent Beck 저, Prentice Hall, 1996

예제 코드가 스몰토크로 작성되어 있긴 하지만, 이 책은 여러 가지 훌륭한 프로그래밍 원리를 담고 있다.

『The Elements of Programming Style』

Brian Kernighan과 P.J. Plauger 공저, Computing McGrawHill, 1978

'가장 명확한 코드를 작성하는 방법'과 관련된 내용을 다루는 책 중에서 가장 오래되었다. 예제 코드는 대부분 포트란과 PL1으로 작성되었다.

『Literate Programming』

Donald E. Knuth 저, Center for the Study of Language and Information, 1992

우리는 카누스가 이야기한 "우리의 주된 업무가 컴퓨터에게 할 일을 알려주는 것이라고 생각하는 것이 아니라, 컴퓨터로부터 원하는 일을 다른 사람에게 설명하는 일에 집중하도록 하자"(140쪽)에 전적으로 동의한다. 이 책의 내용은 문서화를 위한 카누스의 WEB 프로그래밍 환경에 대한 것이다. WEB은 프로그램을 마치 문학작품처럼 작성하는 언어다. 코드는 본문 옆에 위치한다. 우리가 직접 WEB-주도 시스템을 사용해보고 난 후, '코드가 지속적으로 변경'된다면 (그것은 정상이다) 우리가 제안하는 실전원리로 코드를 최신 버전으로 유지하는 일보다 소위 '문학적 프로그램'으로 최신 버전을 유지하는 일이 더 어렵다고 생각하게 되었다.